图说 阳光玫瑰葡萄关键栽培技术

王尚堃 著

化学工业出版社

·北京·

内容简介

本书在概述‘阳光玫瑰’葡萄品种栽培现状和产业发展趋势的基础上，详细介绍了该品种的生物学特性和品种特性，并从育苗技术、建园技术、土肥水管理技术、整形修剪技术、花果管理技术、设施内栽培环境调控技术、病虫害绿色防控技术和采收与销售技术等方面进行了重点阐述。此外，本书精选典型生产案例，配以大量高清彩色图片，以期能够引导读者快速掌握理论知识和实操技能，从而切实提高‘阳光玫瑰’葡萄的质量和产量。

本书可供从事葡萄栽培的广大农户、农民技术员、农技推广人员、相关企业人员、科研单位人员参考，也可供农业院校果树、植保等专业师生阅读。

图书在版编目(CIP)数据

图说阳光玫瑰葡萄关键栽培技术 / 王尚堃著. 北京 : 化学工业出版社，2025. 1. -- ISBN 978-7-122-46683-9

Ⅰ. S663.1-64

中国国家版本馆CIP数据核字第2024P4X552号

责任编辑：孙高洁　刘　军　　文字编辑：李　雪
责任校对：王　静　　装帧设计：关　飞

出版发行：化学工业出版社
（北京市东城区青年湖南街13号　邮政编码100011）
印　　装：北京宝隆世纪印刷有限公司
880mm×1230mm　1/32　印张5　字数139千字
2025年4月北京第1版第1次印刷

购书咨询：010-64518888　　售后服务：010-64518899
网　　址：http://www.cip.com.cn
凡购买本书，如有缺损质量问题，本社销售中心负责调换。

定　　价：29.80元

‘阳光玫瑰’葡萄是由日本选育的一个葡萄中晚熟品种，因果实含糖量较高、果肉鲜脆多汁、鲜食品质极优、有玫瑰香味而得名。其栽培性状优良，经济效益极为显著，被称为葡萄界的“爱马仕”。2009 年，‘阳光玫瑰’葡萄引入我国，得到了快速发展和推广。据不完全统计，2022 年，我国‘阳光玫瑰’葡萄种植面积约 90 万亩（1 亩≈667m^2），其中结果面积约 70 万亩，其种植面积仍将继续扩大，‘阳光玫瑰’已成为‘巨峰’‘红地球’‘夏黑’之后的又一个全国性主栽品种。‘阳光玫瑰’葡萄在现有技术条件下基本上供销两旺，中低品质果量大、质低劣，市场呈走低趋势，优质精品‘阳光玫瑰’葡萄价格仍然较高，市场供不应求。‘阳光玫瑰’葡萄在我国经过十几年的发展，目前已成为绿色葡萄的代表性品种。在新一代“爆品”出现前的一段较长时间，‘阳光玫瑰’葡萄仍是保持中国葡萄精品化高端产品的主要代表。虽然‘阳光玫瑰’葡萄品种的“红利期”已过，但品质的“红利期”将长期存在。

为使广大果农掌握当前‘阳光玫瑰’葡萄关键栽培技术，生产出精品‘阳光玫瑰’葡萄，以获得较高的收益，促进地方经济发展，助力乡村振兴战略实施，编写完成了本书。本书介绍了笔者已发表的前沿研究成果，总结前人经验，结合生产实际，对‘阳光玫瑰’葡萄嫁接砧木选择、科学合理施肥灌水、使用生长调节剂处理、避雨栽培模式、树形选择和果袋选择使用等生产精品果关键技术进行了系统全面的科学介绍，以满足‘阳光玫瑰’葡萄栽培中的技术要求。

需要特别说明的是，对于有关栽培关键技术，只有根据土壤质地、肥力、树势等情况，结合当地气候条件灵活选用，才能发挥技术应有的作用。本书适于‘阳光玫瑰’葡萄种植的家庭农场、专业合作社、农业种植有限公司等种植大户参考阅读，也可供大专院校、科研院所相关专业人员参考阅读。

感谢笔者单位周口职业技术学院的大力支持。另外，郸城县唯葡家庭农场的张伟、郸城县汲水张刘杰家庭农场的张刘杰为本书提供了相关图片，在此一并致谢。

由于时间仓促，笔者水平有限，书中疏漏之处在所难免，恳请广大读者阅读之后提出批评建议，以便再版时进一步修改、完善。

著者

2025 年 1 月

第一章

‘阳光玫瑰’葡萄概述 / 001

第二章

‘阳光玫瑰’葡萄育苗技术 / 022

第三章

‘阳光玫瑰’葡萄建园技术 / 037

第一章

‘阳光玫瑰’葡萄概述

‘阳光玫瑰’葡萄又名‘夏因玛斯卡特’‘晴王’‘亮光玫瑰’‘金华玫瑰’葡萄，是由日本农业食品产业技术综合研究机构用‘安芸津21号’与‘白南’杂交选育而成的中晚熟葡萄品种，属欧美杂交种。因果实含糖量高、果肉鲜脆多汁、鲜食品质极优、有玫瑰香味而得名（图1-1）。2006年3月9日在日本进行品种登记，2009年在日本正式推广，同年引入我国。该品种丰产，品质优良，是葡萄今后中晚熟黄绿色品种中一个有竞争力的优良品种。

图1-1 ‘阳光玫瑰’葡萄精品果穗

第一节 ‘阳光玫瑰’葡萄品种特性

一、植物学特性

生长正常的植株新梢黄绿色，梢尖附近浅白色，密生白色茸毛，1年生枝黄褐色（图1-2）。枝蔓前期绿色，成熟枝蔓浅黄褐色。枝蔓中等粗，节间较长，枝蔓能正常成熟。幼叶绿黄色，新梢尖部叶缘略带浅红色，上表面有光泽，下表面有匍匐丝毛；成龄叶心脏形，深绿色，叶片大而厚，五角形，裂刻浅，叶背有稀疏茸毛，叶柄长，叶片不平展，有皱缩（图1-3）。皱缩叶症状（图1-4）有些园轻，有些园重，类似病毒病症状。皱缩叶片不严重的不影响花芽分化和果实生长、膨大。长势旺盛的园平展的叶片多，皱缩的叶片少，长势较弱的园平展的叶片少，皱缩的叶片多。叶脉浅绿色，粗壮隆起，叶柄长，浅红色，叶柄洼基部“U”形半开张。叶片冬季落叶较晚。两性花，每结果枝组一般着生1个花序，着生在第4节上；第2花序着生在第5～6节。

图1-2 ‘阳光玫瑰’葡萄枝蔓

图1-3 ‘阳光玫瑰’葡萄叶片

图 1-4 ‘阳光玫瑰’葡萄叶片皱缩

二、生长结果习性

植株生长旺盛，长势较强，树体健壮。节间较长，芽眼萌发率高达85%，花芽分化好且稳定，隐芽萌发率中等，新梢结实率强，枝条成熟度中等，冬芽饱满。新梢上发出的副梢抹除后，顶端副梢继续较快生长，其余副梢基本不再发出。当年种植园：树体长势旺，树易长好，不会出现僵苗；长势不旺，易发生僵苗。挂果园：树体长势旺，不易出现僵苗，果粒较大易种出精品果；树体长势不旺会发生僵果，果粒小，很难结出精品果。长势较弱的树有果粉，成熟期易产生果锈；长势旺的树不会产生果粉，成熟期不易产生果锈。自然坐果落果严重，果穗较松散，需要采用无核保果栽培。果粒对激素很敏感，其大小可塑性很强。无核保果、膨大栽培可完全改变果穗、果粒性状。超大果粒易空心，即果粒横径3cm以上、重16g以上会产生空心；果粒横径3.2cm以上、重18g以上全是空心。花穗中等长，坐果率高，早果性好，丰产、稳产，果穗、果粒成熟一致（图 1-5）。在河南省郸城县唯葡家庭农场‘阳光玫瑰’葡萄栽培示范基地，2011年2月底至3月初定植，当年结果主蔓平均粗度2.2cm。2012年萌芽率88%，结果枝率高达85%，亩平均产量达1250kg，2013～2022年亩产量达1750～2250kg。

图 1-5　‘阳光玫瑰’葡萄生长结果状

三、果实经济性状

果穗圆锥形（图 1-6），自然坐果果穗纵横径为 22cm×13cm，单穗重 750g 左右，最大单穗重 1.5kg，单粒重 8 ～ 12g。自然坐果果粒纵横径 2.9cm×2.2cm。果粒着生中等紧密，短椭圆形，黄绿色，幼果和成熟果都有光泽。果皮薄，果粉少，果肉鲜脆多汁，有玫瑰香味，香甜可口，无涩味。可溶性固形物含量 20% 左右，最高可达 26%，可滴定酸含量 0.4%，食用品质极优。成熟后在树上挂果期长达 2 ～ 3 个月不落粒，不裂果。采收后不易挤压、破裂，耐贮运。成熟果实放在冰箱内，1 个月内果实完好。用赤霉酸做无核化和膨大处理后，果粒和果穗显著增大，果皮色泽更加光亮，但果肉香味变淡，果实风味和品质稍下降。

图 1-6 ‘阳光玫瑰’葡萄优质果穗、果粒

果实易发生日灼（图 1-7）、气灼（图 1-8）和日焦（图 1-9）。日灼是果实第 1 次膨大期叶幕不能遮果而导致的；气灼多是指果实第 1 次膨大期，气温（棚温）超过 32℃，没有晒到阳光的果粒出现褐色斑块，多发生在通风透光差、结果部位低的园；日焦是在‘阳光玫瑰’葡萄果实第 2 次膨大后期至销售期，果穗上部果粒瘪似葡萄干，每串果穗有 5 ～ 20 粒。多发生在果实不套袋园，发现果实日焦要立即套袋。

图 1-7 ‘阳光玫瑰’葡萄日灼果

图 1-8 ‘阳光玫瑰’葡萄气灼果

图 1-9 ‘阳光玫瑰’葡萄日焦果

四、物候期

在河南省郸城县，‘阳光玫瑰’葡萄避雨设施栽培条件下，一般 3 月底为萌芽期（到谷雨前注意倒春寒），4 月中旬（4 月 10 日～ 4 月 12 日）初花期，5 月中旬（5 月 15 日～ 5 月 18 日）为盛花期，6 月上旬开始第 1 次膨大，8 月上旬为第 2 次膨果期，自根苗 8 月底～ 9 月初成熟，‘夏黑’砧 9 月中旬成熟，‘5BB’砧木 9 月 20 日以后成熟，从萌芽到浆果成熟需 160 ～ 180 天。

五、抗逆性

‘阳光玫瑰’葡萄较抗葡萄白腐病、褐斑病、霜霉病和白粉病，但不抗葡萄炭疽病。花穗易发生灰霉病（图 1-10），设施栽培条件下，只要预防好灰霉病，其他真菌病害发生均较轻。非传染性病害裂果少，烂果也少。幼果期易发生日灼，高感病毒病。萌芽和嫩梢不耐低温，遇低温，新

(a)

(b)

(c)

图 1-10 ‘阳光玫瑰’葡萄灰霉病症状

叶易发生病毒症状；雨水过大，易轻微裂果；采摘迟，易得果锈病。果实耐高温特性好，正常生长的园果实第 2 膨大期遇最高气温（棚温）35℃以上，果实不会变软。叶片不耐高温，新梢生长期连续阴雨天气转高温天气，易发生青枯焦叶（图 1-11）。树体不耐涝，当年种植园夏季淹水 20h 会死树，挂果园淹水 48h 以上会死树。淹水园即使不死树，对根系影响也很大，导致下一年树长不好，叶片小，果粒不大，僵果多。

(a)

(b)

图 1-11 ‘阳光玫瑰’葡萄连阴雨天突然转晴高温发生青枯焦叶

第二节 ‘阳光玫瑰’葡萄品种优缺点

一、品种优点

‘阳光玫瑰’葡萄植株长势中等、花芽分化好、抗病性强、耐湿、喜温，果实耐贮、货架期长，不易裂果，适宜无核化栽培。无核果粒大，留树时间超长，不退糖、不软果，延迟采收，香味浓，果肉硬。果粒几乎没有裂果和脱粒，在栽培中废弃的果实很少，运输事故也较少。除了病毒病以外，对其他的病害抵抗力都较强，对白腐病也有较好的抗性。该品种不用担心果实着色，其果品原本是绿色的，成熟后变成金黄色，品质受气候影响不大，收益稳定。无核化栽培果实品质极佳，深受广大消费者青睐，市场售价高，经济效益好。

二、品种缺点

1. 栽培技术难度高

‘阳光玫瑰’葡萄无核化栽培树势要求强旺，肥水管理要求高。进行无核化处理、保花保果、果实膨大、疏花疏果、病虫害防治、温湿度管理、果锈预防等都难于一般常规品种，必须采用无核化和避雨栽培相结合。

2. 苗木长势不均时，易发病毒病

‘阳光玫瑰’葡萄苗木定植后，长势不一致，叶面易皱，有明显的病毒病症状（图 1-12）。

3. 需肥特大

‘阳光玫瑰’葡萄对土壤有机质水平要求高。土壤有机质低，肥料不足，植株及果实生长极易受影响。具体表现为：植株生长弱、黄化，有果锈，果实无香味，果实难以达到优质商品果大小（图 1-13）。

图 1-12　植株长势不一致，表现病毒病

图 1-13　‘阳光玫瑰’葡萄劣质果

4. 植株对水分敏感

‘阳光玫瑰’葡萄植株对地下水位和土壤湿度非常敏感。地下水位高，土壤湿度大，即使土壤有机质高，植株也会出现生长势弱和黄化现象，甚至出现死树现象（图 1-14）。

图 1-14 ‘阳光玫瑰’葡萄土壤湿度高的表现

5. 外界条件要求高，果实处理严格

‘阳光玫瑰’葡萄果实怕雨水，易感染霜霉病，怕直射太阳光，易受日灼（图 1-15）。若叶片分布不均匀，果穗被阳光直射后，有时会出现果穗枯萎的现象。果实处理不好易落粒，且商品价值低。

6. 存在病害风险

‘阳光玫瑰’葡萄抗病性中等，花穗开花前后，叶片在大棚栽培易感染灰霉病（图 1-16），果实不抗炭疽病。

7. 产量不宜过高

‘阳光玫瑰’葡萄产量不宜过高，否则会引发果粒不成熟、果锈等生理性障碍，导致口感变差，果面发生果锈，商品价值变低。

图 1-15 ‘阳光玫瑰’葡萄病果、日灼果

图 1-16 ‘阳光玫瑰’葡萄叶片灰霉病

此外，‘阳光玫瑰’葡萄无核化处理不当或果粒过大容易形成空心畸形果（图 1-17），僵果，有核、无核率均不高，容易掉粒。成熟期时间长的‘阳光玫瑰’葡萄，产量低的在 20 天左右，产量高的在 30 天左右。感染病毒病的果实没有商品价值（图 1-18）。

图 1-17 ‘阳光玫瑰’葡萄空心畸形果

图 1-18 ‘阳光玫瑰’葡萄感染病毒病果实

第三节 ‘阳光玫瑰’葡萄栽培现状

一、栽培情况

‘阳光玫瑰’葡萄自2009年引入我国后，得到了快速发展和推广。目前，全国各地均有‘阳光玫瑰’葡萄种植。云南种植面积最大，湖南、江苏分列第二、第三位，四川、陕西、山西、河南、山东、广西等地增长很快。2011年，河南省农业科学院园艺研究所引进‘阳光玫瑰’葡萄栽培，2022年河南省‘阳光玫瑰’葡萄栽培面积已达4万亩。其栽培基本实现了全年不间断供应。在云南的部分地区，3～5月成熟上市；云南、广西、广东6～7月成熟上市；湖南、四川、重庆、江苏、浙江、河南、河北等地在8～11月成熟上市；云南、广西的部分地区在12月至翌年2月成熟上市。

总体上，‘阳光玫瑰’葡萄产业在各地逐步向规模化、品质化方向稳步发展。

二、市场需求区域精品化，分级销售逐步完善

随着居民生活水平及消费观念的升级，消费者购买水果的习惯已发生变化，水果在零售终端精品化呈明显态势。‘阳光玫瑰’葡萄自引进中国已有十几年历史，产量和性状较为稳定，是国内中高端水果的主要代表之一。市场对高品质水果的需求居高不下，伴随‘阳光玫瑰’葡萄在全国大面积种植，其高奢水果的形象难以延续，但依旧保持精品化果业种植“先行者”的身份。果农追随市场需求变动，开始追求‘阳光玫瑰’葡萄的口感甜度与果穗性状，在品质提升与品牌塑造方面下功夫，来提高果品市场竞争力。

近几年，除了线下水果市场，‘阳光玫瑰’葡萄也逐步开始搭建线上销售网络体系，采用“基地-快递-电商”的模式，联合众多电商平台，与物流公司合作，将葡萄按分级标准通过冷链运输送达各线城市的水果零售店、奶茶店等进行销售，并积极发展网络直播助农活动，通过直播平台带动果农增收致富。2019年，某电商平台的“超级农货节”跟随‘阳光玫瑰’

葡萄在全国各地的成熟时段进行分阶段“电商-农户”直系合作，以产区为家，通过平台各类资源补贴与宣传进行网店销售，‘阳光玫瑰’葡萄一度登上“水果品类最热单品”的榜单之首。平台的名誉保障与产地直发的供应链模式一方面提升了消费者对精品水果的信赖，对接了产地和消费者之间的直销渠道；另一方面实现了农户增收，打开了‘阳光玫瑰’葡萄新销路。

三、存在问题

1. 种植水平参差不齐，标准化程度低，差距巨大

目前，‘阳光玫瑰’葡萄种植主要以“V”形架、飞鸟架以及棚架的“一”字形与“H”形架式为主。种植水平差别很大，果粒出现长粒形、圆形，正常椭圆形很少。‘阳光玫瑰’葡萄保果时因膨大剂使用不规范，畸形果、空心果非常普遍；果穗质量从 200g 到 2000g 较为常见；产量每亩从 500kg 到 4000kg 不等。品质上每穗糖度差异大，从 3 度到 8 度不等，香气普遍不足。

2. 市场、价格两极分化显著

‘阳光玫瑰’葡萄优质果价格仍居于高位，市场供销两旺；中低品质果量大、质低劣，市场持续走低。优质一级果可卖到约 80 元 /kg，而一级果在市场上仅占 10% 左右，竞争力较强。‘阳光玫瑰’葡萄在市场上大部分为二级果，市场售价仅约 20 元 /kg，与一级果的价格差异极为显著。

3. 对品种特性认识不足，盲目跟风发展

‘阳光玫瑰’葡萄需要严苛的种植条件，其最佳的生长温度为 21 ～ 26℃，需在透气性极佳的土壤中培养，进行均衡的营养元素施肥，并对花穗进行整形处理以保证每穗留果粒均匀。‘阳光玫瑰’适应性强，可以在国内各产区进行引进试栽。然而，决定葡萄品质的有阳光照射量与土壤透气性两大因素，部分地区在并不满足优良种植条件的情况下跟风发展，单方面追求大果粒、大果穗的完美外表，导致果实“不上色”、含糖量不足，果肉口感低劣，已然失去‘阳光玫瑰’葡萄最大的玫瑰口感特色。

‘阳光玫瑰’葡萄适宜无核化处理。但在河南、山东、安徽大面积种植中未进行无核化处理。在发展规模上，2017 年，全国大部分葡萄园区高接‘阳光玫瑰’；2018 年，云南‘夏黑’采收后嫁接‘阳光玫瑰’，北方大量‘户太 8 号’‘夏黑’‘红地球’结果园伐后嫁接‘阳光玫瑰’，导致其发展规模相对饱和。但管理跟不上，出现果穗处理过重（图 1-19）、果穗过长（图 1-20）、果穗过密（图 1-21）等不良情况，导致果实品质下降。

(a) (b)

图 1-19　标准果穗（a）和果穗处理过重（b）

(a) (b)

图 1-20　一般穗形（a）和果穗过长（b）

(a) (b)

图 1-21 果穗过密

第四节 ‘阳光玫瑰’葡萄发展趋势

标准化优质生产和多样化栽培是‘阳光玫瑰’葡萄的发展趋势。

一、标准化优质生产

‘阳光玫瑰’葡萄优质果品果穗圆柱形，单层果，紧密度适中。果穗均重不超过 1000 g，果粒粒重要求多元化，从不大到大（15 ～ 20g），要求亮、香、脆、甜，更要求注重外观、品质感受。果皮绿黄色至黄绿色，可溶性固形物含量 18% ～ 20%，具有较浓玫瑰香味。外销型‘阳光玫瑰’葡萄要求单穗粒数 60 粒，单粒重 15g，穗重 900g，可溶性固形物含量 18% 以上（图 1-22）；而采摘型‘阳光玫瑰’葡萄要求单穗粒数 80 粒，单粒重 12g，穗重 900g，可溶性固形物含量 18%。

图 1-22 ‘阳光玫瑰’葡萄外销果

实现‘阳光玫瑰’葡萄标准化优质生产，要从四个方面着手：一是要制定极品‘阳光玫瑰’葡萄和优质‘阳光玫瑰’葡萄果实标准；二是要制定标准化栽培生产技术规程；三是要制定‘阳光玫瑰’葡萄标准化生产的农事工作历；四是要重视土壤改良，制定极品‘阳光玫瑰’葡萄、优质‘阳光玫瑰’葡萄土壤指标，因为生产极品、优质‘阳光玫瑰’葡萄 80% 靠土壤，20% 靠地上部分管理。

二、多样化栽培

1. 高端种植园

该类‘阳光玫瑰’葡萄园要进行精细化管理，采用保花保果处理，促成栽培，在 8 月底前上市，满足高端市场需求（图 1-23，图 1-24）。

图 1-23　高端种植园大棚双膜覆盖

图 1-24　‘阳光玫瑰’葡萄精品果

2. 中端种植园

该类‘阳光玫瑰’葡萄园同样进行精细化管理，采用保花保果处理，避雨设施栽培，在8月中下旬～9月中旬上市，满足中高端客户需要（图1-25）。

图1-25　中端种植园钢筋骨架避雨栽培棚

3. 低端种植园

该类‘阳光玫瑰’葡萄园不进行避雨栽培或进行粗放管理，价格几元不等，满足一般客户的需求（图1-26）。

图1-26　低端种植园双“十”字“V”形架栽培

第二章

‘阳光玫瑰’葡萄育苗技术

第一节 ‘阳光玫瑰’葡萄常用砧木

1. ‘贝达’（Beta）

‘贝达’砧木属美洲种，美国用美洲葡萄与河岸葡萄杂交育成。俄罗斯、中国、朝鲜应用较多。根系发达，植株生长旺，适应范围广，抗寒性、耐盐碱性、抗湿性均强，嫁接品种亲和力好。枝条扦插容易生根，用萘乙酸（NAA）处理后生根率96%左右。嫁接品种有小脚现象。‘贝达’砧木嫁接‘阳光玫瑰’葡萄，口感好，香味浓，成熟早（图2-1）。

图2-1 ‘贝达’砧木苗

2.‘SO4’

‘SO4’砧木是德国以冬葡萄 × 河岸葡萄实生选拔育成。该砧木抗根瘤蚜、根结线虫，耐盐碱、抗湿性好，抗旱性中等，能使嫁接品种提高品质、着色好和早熟。植株长势旺，直接扦插生根率 66% ～ 88%，田间嫁接成活率 95%，与大部分葡萄品种嫁接亲和力好。成熟期比自根砧延迟 10 ～ 15 天（图 2-2）。

图 2-2 ‘SO4’砧木苗

3.‘5BB’

‘5BB’砧木是法国由冬葡萄和河岸葡萄的自然杂交后代中选育出的葡萄砧木品种。其嫩梢梢冠弯曲呈钩状，密被茸毛，边缘呈现桃红色。幼叶古铜色，叶片被丝状茸毛；成龄叶大，楔形，全缘，主脉叶齿长，叶边缘上卷，叶柄洼“U”形，叶脉基部桃红色，叶柄上有毛，叶背无毛。花雌性。果穗小，果粒小，黑色，不可食。新梢多枝，成熟枝条米黄色，节部色深，枝条棱角明显，芽小而尖。抗根瘤蚜、抗线虫，耐石灰性土壤。植株生长旺盛，1 年生枝条长，副梢抽生较少，扦插生根率高，嫁接成活率高。在田间嫁接部位靠近地面时，接穗易生根和萌蘖。成熟期比自根砧延迟 10 天左右。用‘5BB’砧木嫁接‘阳光玫瑰’葡萄，口感相对差些，但成熟晚，果粒硬，耐贮运（图 2-3）。

图 2-3 ‘5BB’葡萄砧木

4.‘抗砧 3 号’

‘抗砧 3 号’是中国农业科学院郑州果树研究所用河岸 580×SO4 培育而成，也属冬葡萄与河岸葡萄的种间杂交种。抗病性极强，极耐盐碱，极抗根瘤蚜和根结线虫，高抗葡萄小叶蝉。植株生长势强，枝条生长量大，成熟度好；副梢萌芽力强。用该砧木嫁接葡萄品种，生长势显著高于自根苗，萌芽期、开花期、成熟期与自根苗无明显差异。对根瘤蚜及根结线虫有极显著抗性，对土壤适应性强（图 2-4）。

图 2-4 ‘抗砧 3 号’

5. ‘3309’

‘3309’砧木分‘3309M’砧木和‘3309C’砧木（图 2-5）两种。‘3309M’砧木抗病性强、耐盐碱性强、茎粗壮，植株生长势旺盛，适应性广。‘3309C’砧木是法国用河岸葡萄与沙地葡萄杂交育成。该砧木植株性状倾向于河岸葡萄，雌株。根系极抗根瘤蚜，不抗根结线虫，不耐盐碱和干旱，适于平原地较肥沃的土壤。嫁接‘阳光玫瑰’葡萄，亲和力强，长势强旺，结果颗粒大，抗根瘤蚜，抗线虫，耐盐碱，抗旱。成熟期比自根砧延迟 7 天左右。

图 2-5 ‘3309C’砧木

此外，‘阳光玫瑰’葡萄也可采用‘夏黑’砧木，其亲和力强，长势旺盛，结果颗粒大，易丰产。

第二节 ‘阳光玫瑰’葡萄育苗方法

‘阳光玫瑰’葡萄育苗可采用自根苗繁殖和嫁接苗繁殖。自根苗繁殖包括扦插、压条，压条繁殖在生产上应用较少。当土壤有机质含量在 1.5% 及以上时，采用自根苗比较好，当土壤有机质含量在 1.5% 以下时，采用嫁接苗比较好。由于南北方气候条件的差异，在进行嫁接育苗时，南方主要利用1年生的砧木小苗，北方主要利用多年生的砧木，或者采用高接法。

一、苗圃地选择

‘阳光玫瑰’葡萄育苗选择向阳和背风，具有良好的灌溉条件，且经过检疫不存在病虫害，地下水位在1.5m以下，轻黏壤土，土层深厚肥沃，pH值在6.5～7.5范围的区域。

二、扦插育苗

1. 硬枝扦插

（1）插条采集　结合‘阳光玫瑰’葡萄休眠期修剪，选品种纯正、植株生长健壮、无病虫害的优质丰产葡萄植株。再选取芽眼饱满、枝条充分成熟的1年生枝，根据粗度，按50～100cm长度剪截，50～100根捆成1捆。

（2）插条贮藏　‘阳光玫瑰’葡萄插条冬季贮藏的关键是温度和沙子湿度。温度要求−2～−1℃，沙子湿度不超过50%，以手握成团、一触即散为宜。选择地势稍高、北方向阳处挖贮藏沟。沟宽、深各1m，长度按种条量而定。也可用菜窖等作保温、保湿场所。贮藏时先在沟底或窖底铺厚10 cm左右湿河沙，将种条捆立放，一捆靠一捆摆好。在种条间和捆间空隙填满湿沙，顶上填盖20～30cm。春节后地温逐渐升高，达3℃左右时，将插条翻倒1次，调节温湿度。如有发霉插条，立即晾晒，喷50%的多菌灵可湿性粉剂800倍液消毒后重新埋藏。

（3）插条剪截　3月中下旬，将‘阳光玫瑰’葡萄插条取出，剪成2～3个芽的枝段，在顶芽上留2cm左右平剪，下端在芽下1cm左右斜剪。剪后每50根或100根捆成1捆（图2-6），放入清水中24～48h后进行催根处理。

（4）插条催根　葡萄插条顶芽萌发和下端发根所要求温度条件不一致，通常在10℃以上芽眼就萌发新梢，而形成不定根却需要较高温度，一般

图 2-6　插条打捆

在 20 ～ 28℃条件下发根速度最快。插条未经催根处理就直接扦插，则芽眼先萌发，根系还没有吸收水分和养分的能力，萌发的新梢不能顺利生长。如果葡萄插条本身养分消耗完，根系还不能正常供给，萌动了的嫩芽就会干枯死亡。通过催根处理就能解决这种问题，从而大大提高扦插成活率。葡萄插条催根是保证成活的重要措施。在生产上，插条催根的方法常见的有 3 种：一是萘乙酸（NAA）处理，用 NAA 50 ～ 100mg/L 浸泡插条基部 2 ～ 4cm，时间 12 ～ 24h；二是吲哚丁酸（IBA）处理，用 50% 乙醇溶解 IBA 配成 0.3% ～ 0.5% 溶液，浸蘸 3 ～ 5s；三是 ABT 生根粉催根，先把 ABT 生根粉用 90% 医用乙醇化开，按 1g 生根粉 20kg 水的比例，配成 50mg/L 的溶液，用砖砌四周，平铺地膜，做成临时处理槽，把配制好的溶液倒入池槽，液面深 3 ～ 4cm。把葡萄枝条捆直立于池槽中，浸泡基部 8 ～ 12h。1m^2 池面可处理 5000 ～ 6000 根枝条。具体可根据实际情况选用。

（5）扦插时间　‘阳光玫瑰’葡萄硬枝扦插时间在春季发芽前进行，以 15 ～ 20cm 土层地温达 10℃以上为宜。一般在 4 月初进行。

（6）整地做畦　在整地前施入基肥，亦可做畦后施入畦内，翻入土壤。每亩施充分腐熟的有机肥 2500 ～ 4000kg，同时混入过磷酸钙 25kg、草木灰 25kg，复合肥、果树专用肥也可。在整地时对土壤进行处理：对于病害，烂根、立枯、猝倒、根腐等病害危害较大，一般用 50% 多菌灵或

70% 甲基硫菌灵或 50% 福美双可湿性粉剂，每亩地表喷布 5 ～ 6kg，翻入土壤，防治病害。对于地下害虫，蛴螬、地老虎、蝼蛄、金针虫等危害比较严重，每亩用 50% 辛硫磷乳油 300mL 拌土 25 ～ 30kg，撒施于地表，耕翻入土。对缺铁土壤，每亩施入硫酸亚铁 10 ～ 15kg，以防治黄化病。施肥、喷药之后，深耕细耙土壤，耕翻深 25 ～ 30cm，并清除影响扦插生根的杂草、残根、石块等障碍物。根据地势做成高畦或平畦，畦宽 1m，扦插 2 ～ 3 行，株距 15cm。土壤黏重、湿度大时，起垄扦插，70cm 一条垄，在大垄上双行带状扦插，行距 30cm，株距 15cm。

（7）扦插方法　'阳光玫瑰'葡萄插条经催根处理已经有根，扦插相当于移植。扦插时，按行距开沟，将插条倾斜或直立放入土壤中，顶部侧芽向上，填土踏实，上芽与地面平整或略高于地面，浇水。为防止干旱对插条的不良影响，在床上覆盖黑色膜（图 2-7），在膜上露出顶芽，保持水分和温度，促进生长。

图 2-7　'阳光玫瑰'葡萄覆盖黑色地膜扦插

（8）扦插后管理　‘阳光玫瑰’葡萄发芽前保持一定的温度和湿度。要经常浇水，中午阳光强时进行遮阴。土壤缺墒时适当灌水，但不宜频繁灌溉。灌溉或下雨后，应及时松土除草。扦插后大约 10 天，叶芽发芽，幼苗（图 2-8）生根，扦插成活。成活后一般保留 1 个新梢，其余及时抹去。生长期追肥 1 ～ 2 次。第 1 次在 5 月下旬～ 6 月上旬，每亩施入尿素 10 ～ 15kg；第 2 次在 7 月下旬，每亩施入氮磷钾三元复合肥 15kg，配合叶面喷施 0.1% ～ 0.2% 尿素 1 ～ 2 次，以促进生长。为培育壮苗，每株应插立 1 根 2 ～ 3m 长的细竹竿，或设立支柱，横拉铁丝，适时绑梢，牵引苗木直立生长。在新梢长到 80 ～ 100cm 时摘心，促其充实，提高苗木质量。在整个生长过程中要注意防治病虫害。5 ～ 6 月份，注意防治白粉病、霜霉病、黑痘病、褐腐病及螨类、二星叶蝉等。对病害可用 1∶0.5∶100 倍波尔多液，70% 甲基硫菌灵可湿性粉剂 800 ～ 1000 倍液，80% 代森锰锌可湿性粉剂 600 ～ 800 倍液等喷雾防治；对虫害用 20% 氰戊菊酯乳油 2000 倍液，2.5% 氯氟氰菊酯乳油 4000 倍液，或 2.5% 溴氰菊酯乳油 2000 倍液喷雾防治。进入 7 ～ 8 月份，防治霜霉病、白粉病、黑痘病等，用 72% 霜脲•锰锌可湿性粉剂 700 倍液，15% 三唑酮可湿性粉剂 1500 倍液，64%噁霜•锰锌可湿性粉剂400倍液等喷雾防治。9 ～ 10月份，防治霜霉病、褐斑病等病害，根据发病情况，轮换喷上述药剂进行防治。

图 2-8　扦插育成幼苗

一般采用硬枝扦插育苗技术，在春季扦插，秋季移栽，成活率非常高。

2. 绿枝扦插

（1）扦插时间　为提高成活率，保证当年形成一段发育充实的苗干，扦插时间一般在6月底以前进行。

（2）插条选择　选生长健壮的幼年母树，在早晨或阴天采集当年生尚未木质化或半木质化的粗壮枝条。随采随用，不宜久置。

（3）插条剪截与处理　将采下的‘阳光玫瑰’葡萄嫩枝剪至长15～20cm。上剪口于芽上1cm左右处剪截，剪口平滑；下剪口稍斜或剪平。为减少蒸腾耗水，除去插条部分叶片，仅上端1～2片叶，同时将叶片剪去1/2。插条下端用β-吲哚丁酸（IBA）、β-吲哚乙酸（IAA）、ABT生根粉等激素处理，使用浓度一般为25mg/kg，浸12～24h。

（4）扦插技术　绿枝扦插基质宜用河沙、蛭石等通透性能好的材料。一般先在日光温室或塑料大棚等处集中培养生根，然后移植大田继续培育。将插条按一定的株、行距插入整好的苗床内，适当密插，有利于保持苗床小气候。采用直插，插入部分约为插条长的1/3。插后灌足水分，使插条和基质充分接触。

（5）扦插后管理　绿枝扦插后搭建遮阴设施，避免阳光直射。扦插后注意光照和湿度控制，勤喷水或浇水，保持空气湿度达到饱和，勿使叶片萎蔫。生根后逐渐增加光照，温度过高时喷水降温，及时排除多余水分，有条件者利用全光源自动间歇喷雾设备，效果更佳。

三、嫁接育苗

1. 绿枝劈接法

绿枝劈接法是当前‘阳光玫瑰’葡萄育苗的主要嫁接方法。

（1）嫁接时间　砧木和接穗均达半木质化时开始嫁接，可一直接到成熟的苗木新梢在秋季能够成熟为止。如与设施栽培相配合，嫁接时间更长。

（2）接穗采集　接穗从生长健壮、无病虫害的植株上采集。可与夏季修剪时的疏枝、摘心、除副梢等工作结合进行，最好在苗圃附近采取，随剪随接。需从外地采取时，剪下的绿枝应及时将叶片去掉，用新湿毛巾和薄膜包好或放在广口保温瓶中，瓶底放少许冰块，途中 2 ～ 3 天可保持接穗新鲜。到达目的地后，将接穗再用湿毛巾一层层包好，放在冰箱底层 3 ～ 4℃处，保存 3 ～ 4 天，嫁接成活率仍然很高。无冰箱时，将接穗吊在大口井的上部保存，效果也很好。

（3）嫁接操作　嫁接时首先选择半木质化的绿枝接穗，芽眼最好利用刚萌发而未吐叶的夏芽。如夏芽已长出 3 ～ 4 片叶，则去掉副梢，利用冬芽。冬芽萌发慢，但萌发后生长快且粗壮。砧、穗枝条的粗度和成熟度一致，成活率高。嫁接前先将接穗的绿枝，用锋利芽接刀或刮脸刀片在每个接芽节间断开，放在凉水盆中保存，温度高时勤换凉水。嫁接时，砧木留 3 ～ 4 片叶子，除掉芽眼，将以上部分截断，在断面中间垂直劈开，长 2.5 ～ 3.0cm。选与砧木粗细和成熟相近的接穗，在芽下方 0.5cm 左右，从两侧向下削成长 2.5 ～ 3.0cm 的斜面，呈楔形，斜面刀口要平滑。削好接穗立即插入砧木切口中，使二者形成层对齐，接穗斜面露白 0.5mm。然后用 0.5 ～ 0.6cm 宽的薄塑料条，从砧木接口下边向上缠绕，只将接芽露出外边，一直缠到接穗的上刀口，封严后再缠回下边打个活结（图 2-9）。

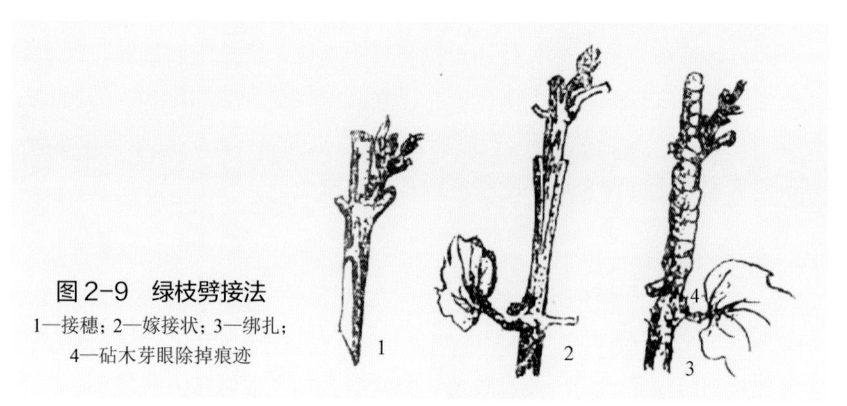

图 2-9　绿枝劈接法
1—接穗；2—嫁接状；3—绑扎；
4—砧木芽眼除掉痕迹

如果嫁接时间较早，气温偏低时，嫁接缠完塑料条后，再套小塑料袋增温、保湿，以提高成活率。

（4）嫁接苗田间管理　绿枝嫁接后，及时灌水，做好砧木除萌和病害防治工作。嫁接后 1 周内，保持土壤水分充足，地表潮湿，及时、反复多次除掉砧木上的萌蘖。接芽抽生的新梢长到25～30cm时，插根竹竿或树条用拉细铅丝及时引绑，随着新梢的延长不断引绑，每株小苗只留1条新梢，新梢叶腋内发出的副梢随时留1片叶摘心，生长后期（8月末～9月中旬）在新梢顶部摘心。在6～7月份追施含氮46%的尿素或磷酸氢二铵各1次，每次施15kg/亩，追后灌水；8月份追肥磷、钾肥，叶片喷施0.3%的磷酸二氢钾或根施其他磷钾肥，施肥量15～20kg/亩。生长季节要除草和灌水3～5次，保持土壤疏松。苗木要引绑直立，使通风透光良好。对病虫害防治以预防为主。在嫁接前后，5月上旬开始，每隔10～15天喷1∶0.5∶200倍的波尔多液防病。一旦发生病虫害，可按病虫害种类选择用药并及时喷洒消灭。一般在10月1日前后准备出圃。起苗前，撤掉插棍和铁丝，在苗的基部往上或接口上留4～6个芽眼剪断，将剪下的枝条捆好放在阴凉处，去叶埋土保存，然后苗田灌水，使苗田松软。一般根系侧根剪至25～30cm，根干不劈裂，新梢粗0.7cm以上为合格苗。

2. 舌接法

舌接法（图2-10）适用于‘阳光玫瑰’葡萄硬枝接（图2-11），要求砧木与接穗粗度大致相同。

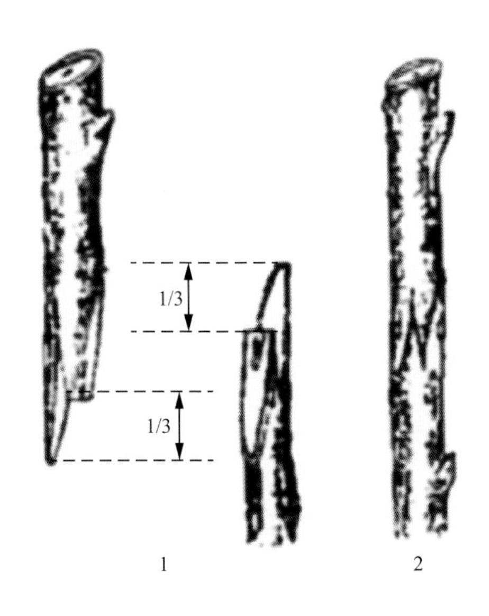

图2-10　舌接

1—砧穗切削；2—砧穗结合

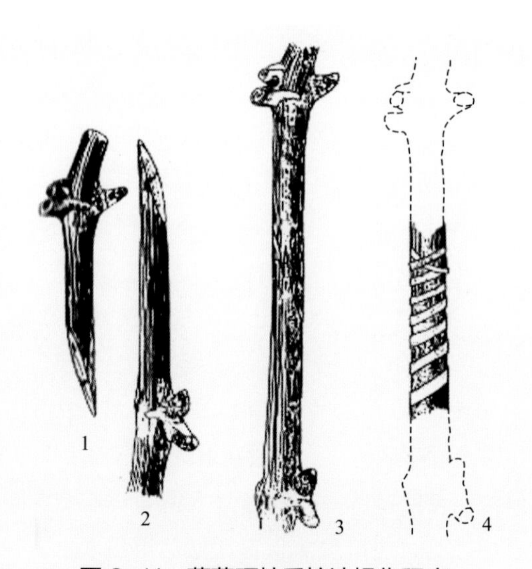

图 2-11　葡萄硬枝舌接法操作程序

1—削接穗；2—削砧木；3—插合接穗和砧木；4—绑缚

（1）削接穗　先在接穗下端削 1 个 3cm 左右的斜面，再在削面前端 1/3 处顺着枝条往上纵切 1 刀，长约 1cm，呈舌状。

（2）劈砧木　将砧木在嫁接部位剪断，先削 1 个 3cm 长的斜面，从削面上端 1/3 处顺砧干往下垂直切 1cm 长的切口。

（3）插接穗　接穗与砧木斜面相对，把接穗切口插入砧木切口中，使接穗和砧木的舌状部位交叉嵌合，并对准形成层。

（4）绑扎　将舌接好的接穗、砧木用塑料条包严绑紧。

3.“工”字形芽接

‘阳光玫瑰’葡萄“工”字形芽接适用于较粗的砧木。采用专门的“工”字形芽接刀进行嫁接。具体操作程序见图 2-12。

（1）削芽片　先在芽上和芽下各横切一刀，间距 1.5 ～ 2.0cm，再在芽的左右两侧各竖切一刀，取下方块形芽片。

（2）切砧木　按取下芽片等长距离，在砧木光滑部位上、下各横切一刀，然后在两横切口之间竖切一刀。

在砧木平滑处
切一个“工”字
“竖”笔稍微过头
以确保切断
掀皮
在削接穗时
四个角可以
稍微削过头
这样能顺利
取下接穗
接穗
在取接穗时，
不要损坏“护芽眼”
捆绑能让接穗
紧密地贴住砧木；
缠膜能保湿防水
掀开两个门角
从上往下放入
接穗
轻按接穗
使之伸展
(a) (b) (c) (d) (e) (f)

图 2-12

(g)

图 2-12 “工”字形芽接操作程序

（3）贴芽片　将砧木切口皮层向左右挑开，俗称双开门，迅速将方块芽片装入，紧贴木质部包严。

（4）绑缚　用专门嫁接用塑料薄膜条压茬绑紧即可。

第三章

‘阳光玫瑰’葡萄建园技术

第一节 园地选择

‘阳光玫瑰’葡萄园园地选择光照、通风条件良好，降水量适中，昼夜温差大，有机质含量丰富、疏松肥沃的砂壤土和壤土，在地势平坦、土层深厚、有灌水和排水条件、无污染源及交通便利的地方建园比较好。

1. 不适土壤改良

土壤过分黏重板结，排水不良，可通过施用有机肥（图 3-1）、掺砂砾改良。沙荒地土质瘠薄，可通过增施有机肥和黏土混合改土，提高土壤肥力和保肥、保水能力。在土壤酸碱度方面，中性或微酸、微碱性均可。酸度过大时，土壤适当增施石灰等碱性肥料改良；土壤盐碱含量较高时，采用条台田方式，经过灌水冲洗，排盐洗碱，增施有机肥改良土壤，降低含盐量。

图 3-1 ‘阳光玫瑰’葡萄园增施有机肥改良土壤

2. 地下水位要求

地下水位以 2 ～ 3m 为宜。如地下水位过高，应采用挖沟台田方式提高地面，疏通排水；如地下水位过低，则采用低畦定植。

此外，在风沙大的地方建园要注意防风沙。

第二节 ‘阳光玫瑰’葡萄建园“五定位”“三个关键点”和“五个不”

一、建园“五定位”

1. 苗木定位

选用长势旺、抗性好的‘5BB’等砧木的一级、二级苗（图 3-2），也可选用当地表现较好砧木的嫁接苗。苗木质量要好，纯度高达 98% 以上，

(a) (b)

图 3-2 ‘5BB’砧木嫁接苗（a）和‘5BB’当年建园生长状（b）

接穗茎粗 0.5cm 或以上，高 25 ～ 30cm，枝条充分成熟，有效芽 3 个或以上。根系较发达，根粗大于 0.25cm 的根数有 5 ～ 6 条或 6 条以上，根长 20 ～ 30cm。

2. 架式定位

架式选用结果部位 1.5m 左右的“V”形水平架（图 3-3）。老园改种，结果部位偏高、偏低的园要改架。对结果部位在 1.3m 以下的园，调高结果部位。结果部位 1.3m 以下，叶幕不能遮住果，果实日灼较重，成熟果实有阴阳面。应将结果部位调整到 1.4m 左右。具体改架方法：将底层拉丝（布结果母枝拉丝）抬高至 1.3 ～ 1.4m（图 3-4）。注意要在架柱两边各布 1 条拉丝，不宜仅布 1 条拉丝。

(a) (b)

图 3-3 “V”形水平架

对结果部位 1.7m（图 3-5）的园，要调低结果部位。为方便管理，将结果部位调低至 1.5m 左右。具体改架方法是：在架柱 1.4 ～ 1.5m 处即 1.7m 架面下 20 ～ 30cm 处，两边各拉一条铁丝。注意不能只在一边拉 1 条铁丝。将结果母枝安排在铁丝上，结果部位相应降低。

‘阳光玫瑰’葡萄“H”型水平架改成“H”型“V”形水平架（图 3-6 ～图 3-8），在建园时就改成“V”形水平架。畦面宽 5.5m，中间种一行葡萄，株距 2m，水平架面离畦面 1.7m。在水平架面下 20cm 架柱两边各缚 1 条拉丝，形成“V”形叶幕。

(a) (b)

图 3-4 葡萄架抬高

(a) (b)

图 3-5 架面 1.7m 的水平棚架

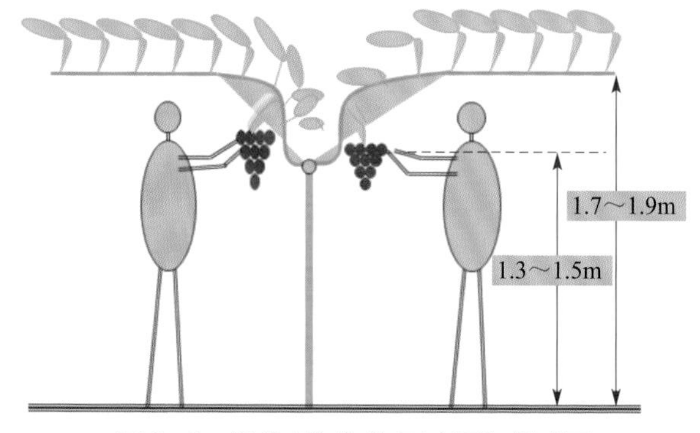

图 3-6 “H”型“V”形水平架模式图

图 3-7 “H”型“V”形水平架当年种植冬剪结果母枝弯缚后情况

图 3-8 “H”型“V”形水平架夏季生长状

3. 株行距和种植株数定位

新建园株行距（2.7 ～ 3.0）m×（2.0 ～ 4.0）m，每亩栽植 50 ～ 120 株。在挂果 1 ～ 2 年隔株间伐。老园改种，行距 2.5m 及以上可不改变行距，2.5m 以下将行距放宽至 3m。不采用单臂篱架。对于 8m 宽蔬菜大棚改种‘阳光玫瑰’葡萄，应种 2 行（图 3-9），以有利于调控棚温，不宜种 3 行。

图 3-9　8m 宽棚种 2 行‘阳光玫瑰’葡萄

4. 整好园地，施好定植肥定位

对于老园改种地将老树粗根挖出。园地不平整老园，种植前需将园地整平。老园改种每亩要增施充分腐熟的有机肥 2 ～ 3t，翻入土中。对于新建园，可亩施充分腐熟农家肥 $10m^3$ 以上，坚决不用生粪；同时，每亩施入葡萄专用豆粕碳基肥 400 ～ 480kg，过磷酸钙每亩施 50 ～ 100kg；铁、锌、硼微量元素每亩施 2 ～ 4kg。如果不施农家肥，可亩施葡萄专用豆粕碳基肥 1000 ～ 2000kg，过磷酸钙同样是每亩施 50 ～ 100kg，铁、锌、硼微量元素每亩施 2 ～ 4kg。在农家肥不足情况下，应适当调整豆粕碳基肥和过磷酸钙使用量，新建园一般不使用复合肥。在有机肥充足情况下，可满园撒施，深翻 40cm，再多次旋耙。有机肥即农家肥不足 $10m^3$ 时，可条施或沟施施入定植沟，再深翻 40cm 旋耙，将有机肥与土壤充分混合。采用定植沟定植进行起垄，垄高 20cm 以上，垄宽 1.2m 左右。

5. 种好苗定位

要整理好苗木。根系太长部位剪掉，接穗留 3 个有效芽，多的芽剪掉。种植前对苗木消毒：将苗木的枝蔓部位放在 3°Bé ～ 5°Bé 石硫合剂中浸一下消毒，以杀灭病菌和介壳虫，根部不能浸。较粗的苗与较细的苗包括根系不好的苗分好后分别种植、管理，较弱的苗包括根系不好的苗增加施肥次数，每次施肥量不能增加，使全园苗均衡生长。种植深度以嫁接口在种植垄面5cm以上。种好苗后种植垄覆1m宽黑色膜，以保水、压草。

二、把握好“三个关键点”

1. 打好基础

打好基础就是利用挖掘机开定植沟回填，所开定植沟宽80～100cm、深80cm。分两次开挖：将表土放一边，底土放另一边，在表土中每亩施优质农家肥3～5m^3、氮磷钾三元复合肥50kg。肥与表土掺匀后填入沟底，底土放沟的上层，灌透水沉实。

2. 把握好定植时间

把握好定植时间就是在适宜定植期内采用适当的定植方法。春栽在土壤解冻后到萌芽前栽植；秋栽在落叶后至土壤封冻前栽植；生长季4月、5月、6月栽植采用营养钵苗。北方一般以春栽为主。在3～4月，‘阳光玫瑰’葡萄萌芽前，地温达到7～10℃时进行；不需要埋土防寒地区，可选择秋冬季11～12月定植，春栽时间在2月下旬～3月下旬为宜。

3. 定植密度

把握好定植密度，要根据品种生长特性、栽培目的确定，同时利于机械化，方便作业。采用宽行密株栽培，一般定植株行距（3～8）m×（1～3）m。要求前3年密植，3年后采用间伐形式稀植。

三、建园“五个不”

一是不能在不挂果老树上进行高枝嫁接；二是不能在挂果树部分挂果时，利用嫩梢进行嫁接；三是不能在早熟‘阳光玫瑰’葡萄上市销售后才进行种植；四是不能选用树龄4年以上大树进行移植；五是不能在挂果树中间进行套种。

第三节 ‘阳光玫瑰’葡萄避雨栽培设施与架式选择

‘阳光玫瑰’葡萄必须采用避雨栽培才能获得优质丰产高效，进而生产出精品果。所谓避雨栽培是以避雨为目的，将薄膜覆盖在树冠顶部，以躲避雨水、防菌健树、保护‘阳光玫瑰’葡萄、提高‘阳光玫瑰’葡萄品质和扩展栽培区域的一种方法。

一、避雨栽培优点

‘阳光玫瑰’葡萄避雨栽培，避免了冰雹等对果实的伤害，提高了果实的商品率和经济效益。具体体现在两个方面：一是可以减轻病害的发生，用药次数明显减少；延长葡萄落叶的时间，为葡萄积累更多的养分；提高葡萄品质，增加收益。二是棚膜在一定程度上阻碍了雨水直接接触地面，在土壤干燥情况下，有利于葡萄花芽分化，增加产量。

二、避雨栽培方法

避雨栽培一般在开花前覆盖，落叶后揭膜，全年覆盖约 7 个月。避雨栽培最好采用厚度 0.08mm 抗高温高强度膜，可连续使用两年，不能用普通膜。棚架、篱架‘阳光玫瑰’葡萄均可进行避雨覆盖，在充分避雨前提下，覆盖面积越小越好。

三、栽培设施

1. 塑料大棚

塑料大棚（图 3-10）结构与促成栽培所用塑料棚相同，适于小棚架栽培。大棚两侧裙膜可随意开启，最好在大棚顶部设施部分顶卷膜。通常根据覆膜时间的早晚和覆盖程序，分为促成加避雨栽培或单纯避雨栽培等模式。

图 3-10 塑料大棚

2. 避雨小拱棚

避雨小拱棚（图 3-11）适用于双“十”字“V”形架（图 3-12）和单臂架，1 行‘阳光玫瑰’葡萄搭建 1 个避雨棚。葡萄架柱地面高 2.3m，入土 0.7m。在每根柱柱顶下 40cm 处架 1.8m 长横梁。为加固遮雨棚，1 行‘阳光玫瑰’葡萄两头及中间葡萄架柱每间隔 1 根，横向用长毛竹将各行的架柱连在一起，这根柱上不需另架横梁。柱顶和横梁两头拉 3 条较粗的铁丝，且每行‘阳光玫瑰’葡萄的两头拉 3 条铁丝并在一起用锚石埋在土

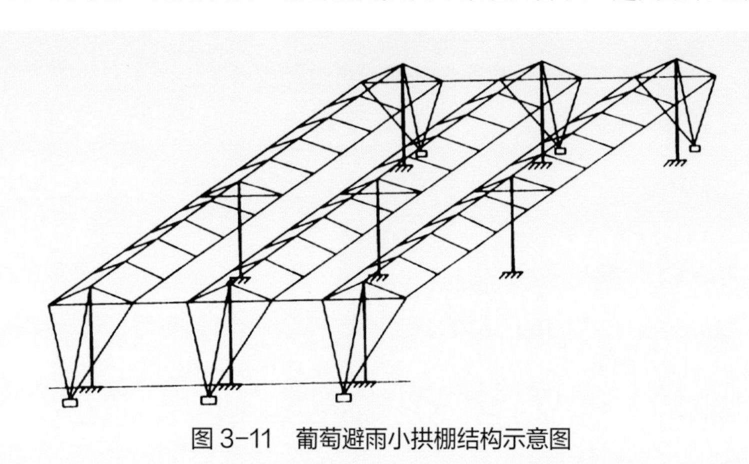

图 3-11 葡萄避雨小拱棚结构示意图

图 3-12 ‘阳光玫瑰’葡萄双“十”字“V”形架

中 40cm 以下。用长 2.2m、宽 3cm、厚 0.03mm 的塑料薄膜盖在遮雨棚的拱片上，两边每隔 35cm 用竹（木）夹将膜边夹在两边铁丝上，然后用压膜线或塑料绳按拱片距离从上面往返压住塑料薄膜，压带固定在竹片两端。

3. 促成加避雨小拱棚

促成加避雨小拱棚是在双“十”字“V”形架基础上建小拱棚（图 3-13）。在立柱上 1.4m 处拉 1 道铅丝，用长 3.6m 竹片上部靠在铅丝上，两端插入地下，基部宽 1.3m 左右，竹片距离 1m，形成拱棚。顶部利用葡萄架柱用

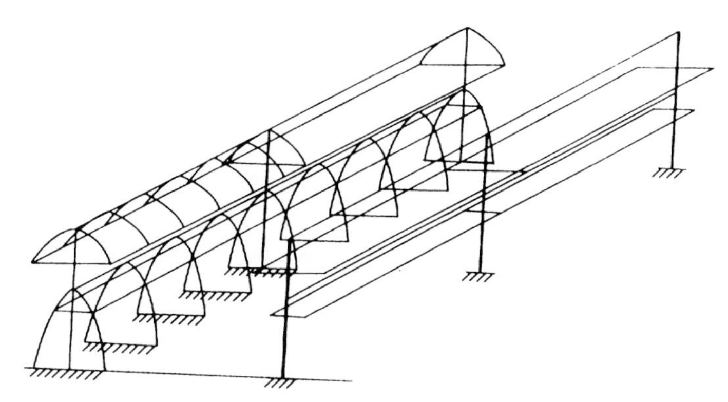

图 3-13 促成加避雨小拱棚结构示意图

竹棍加高至2.4m，柱顶拉1道铁丝，在低于柱顶60cm横梁两边75cm处各拉较粗铅丝，两条铅丝距离1.5m，用长2m的弓形竹片固定在3道铁丝上，竹片距离0.7m，形成避雨棚。在2月底盖拱棚膜，两边各盖宽2m的薄膜，两膜边接处用竹（木）夹夹在中间铅丝上，两边的膜铲入泥内或用泥块压，膜内畦面同时铺地膜。盖膜前结果母枝涂5%～20%的石灰氮浸出液，以打破休眠，使萌芽整齐。4月下旬左右（开花前）揭除拱膜，上部盖宽2m的避雨膜。

4. 连栋大棚

连栋大棚（图3-14）栽培‘阳光玫瑰’葡萄2连栋至5连栋均可。连栋中1个单棚宽5～6m，种2行‘阳光玫瑰’葡萄。1座连栋棚面积控制在1500m^{2}以内。面积过大，不利于温、湿、气的调控。连栋棚的每个单棚高3m左右，肩高1.8～2.0m，每个单棚两头、中间均应设棚门。

图3-14 连栋大棚

5. 日光温室

日光温室（图3-15）是以太阳能为主要能源，由保温蓄热墙体、北向保温屋面和南向采光屋面构成，采用塑料薄膜作为透光材料，并安装有活动保温被的单坡面温室。

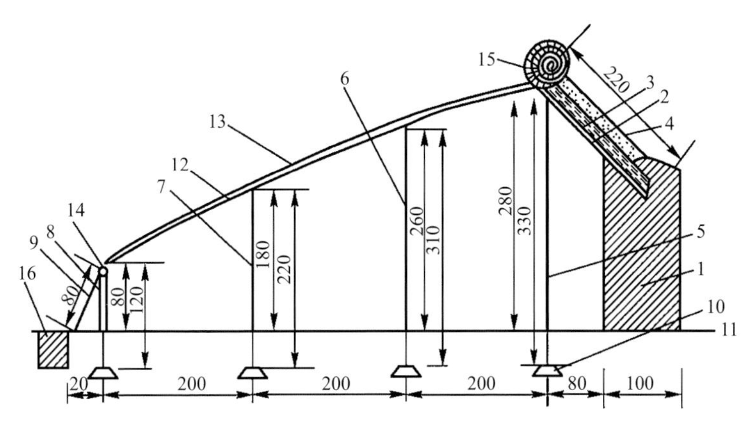

图 3-15　日光温室（单位：cm）

1—后墙；2—柁；3—后坡、玉米秸、麦草；4—草泥层；5—后立柱；6—中立柱Ⅰ；7—中立柱Ⅱ；8—前立柱；9—斜柱；10—基石；11—水平地面；12—拱杆；13—塑料薄膜；14—横杆；15—稻草苫；16—防寒沟

四、搭建避雨棚

‘阳光玫瑰’葡萄搭建避雨棚（图 3-16）要科学选择种植基地，按照栽植行距和选用架式，搭建避雨棚。首先确认薄膜间隔，一般为 40 ～ 80cm。太窄不利于盖膜和揭膜，不利于通风降低膜下温度；当间隔空间太大时，浪费空间，避雨作用减弱。选用三横梁结构或三角形结构，在建三横梁时，首先确定顶梁高度，一般应高于栽培者高度。顶梁高度以 1.8m 或以上较好，以利于现场操作。当面积较大时，为便于通风降温，应适当增加高度。选用钢结构时，一般选用三角形结构，以利于钢管之间焊接。按照这一规划，采用“V”形架时，干高则为斜杆下端焊接处。当行距在 2.8 ～ 3.0m 时，干高一般控制在 0.8 ～ 1.2m，由肥水条件而定。干高处的钢丝孔到斜杠上端间隔一般应为 1.2 ～ 1.4m，相当于 15 ～ 18 片叶时枝条的长度。为此，干高处的钢丝到横梁的直线间隔、棚膜边际距立杆的垂直间隔应保持在一个合适的范围，一般在 0.9 ～ 1.0m，以满足当年新梢生长需求。立杆高出横梁的那部分称为拱高，是搭建避雨棚的支柱。拱高不能过高或过低。生产上，在棚膜左右跨度 2.2m 左右时，拱高以 0.3 ～ 0.5m 较为合理。

图 3-16 ‘阳光玫瑰’葡萄搭建避雨棚

五、架式选择

‘阳光玫瑰’葡萄避雨省力规模化栽培可采用双“十”字“V”形架、飞鸟架、三角形“V”形架、联电杆式宽顶架、“T”形架，其中飞鸟架、“T”形架和联电杆式宽顶架有利于生产优质果。

1. 双“十”字“V”形架

双“十”字“V”形架由 1 根立柱、2 根横梁（一长一短）和 5 ～ 6 道拉丝组成，叶幕呈“V”形，有明显的光合带、结果带和通风带，枝叶生长规范。便于提高萌芽率、萌芽整齐度和新梢生长均匀度，提高通风透光度，减轻病害和大风危害，减轻日灼。便于标准化栽培，提高果实质量，省工、省力，节约成本，提高效益。

立柱用粗水泥柱或耐腐木材；横梁粗细根据实际情况，以耐用为原则。铁丝选用 8 ～ 10 号型。立柱每 4 ～ 6m 埋 1 根，入土深度 50 ～ 60cm。距地面 50cm 拉第 1 道铁丝，在短横梁和长横梁左右两边各拉 1 道铁丝（图 3-17）。

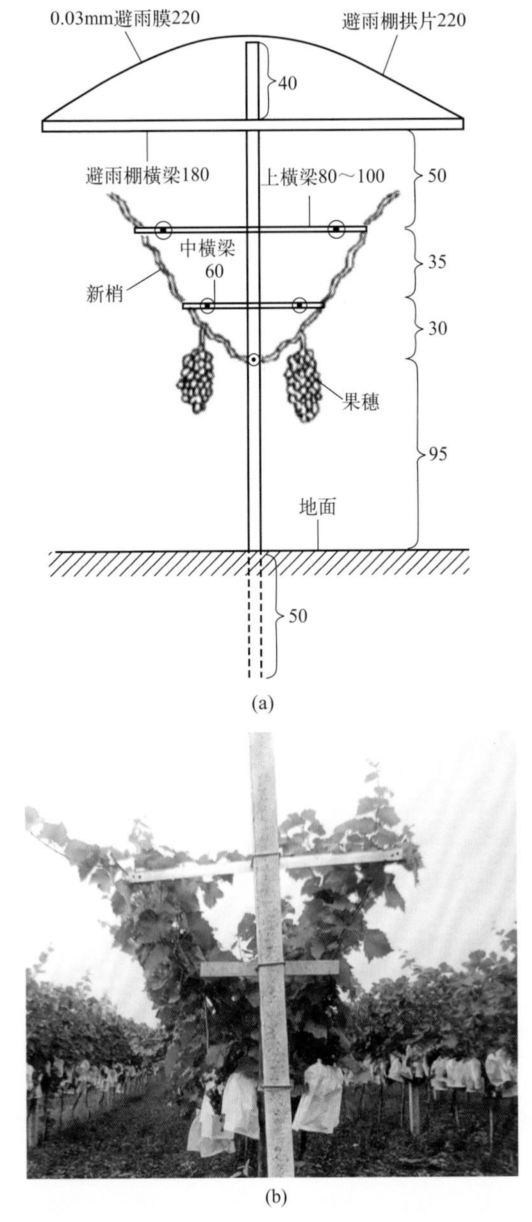

(a)

(b)

图 3-17　双“十”字“V”形架（单位：cm）

2. 飞鸟架

飞鸟架由1根立柱、1根横梁和6根拉丝组成（图3-18）。立柱间距4m左右。

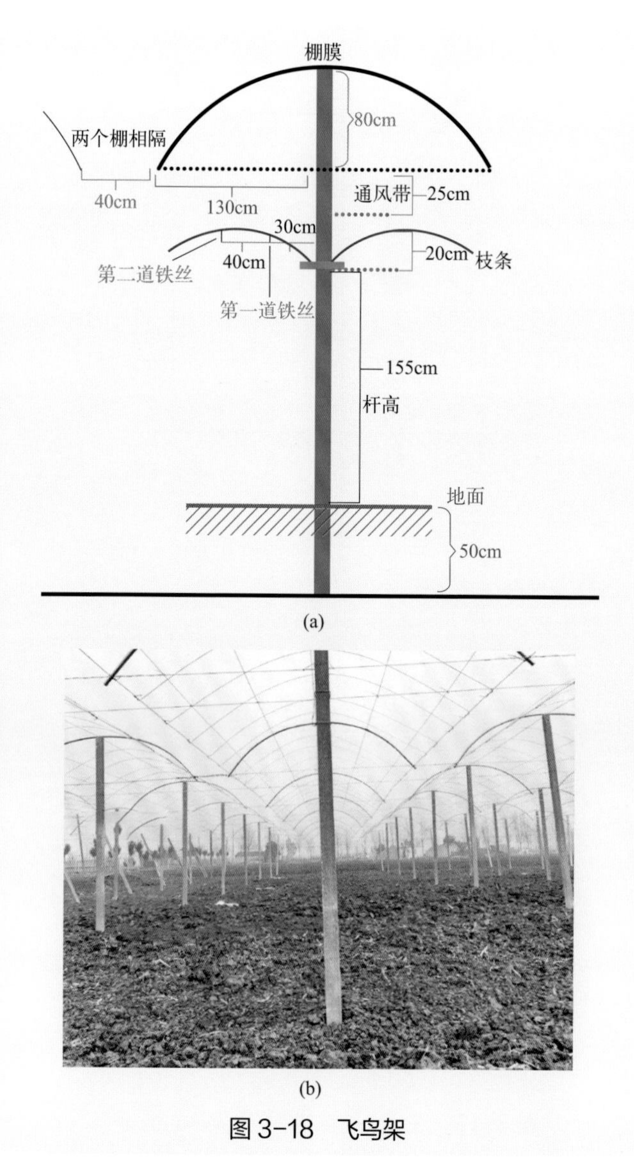

图3-18 飞鸟架

3. 三角形“V”形架

三角形“V ”形架（图 3-19）由 1 根立柱、1 根横梁和 7 条铁丝组成。

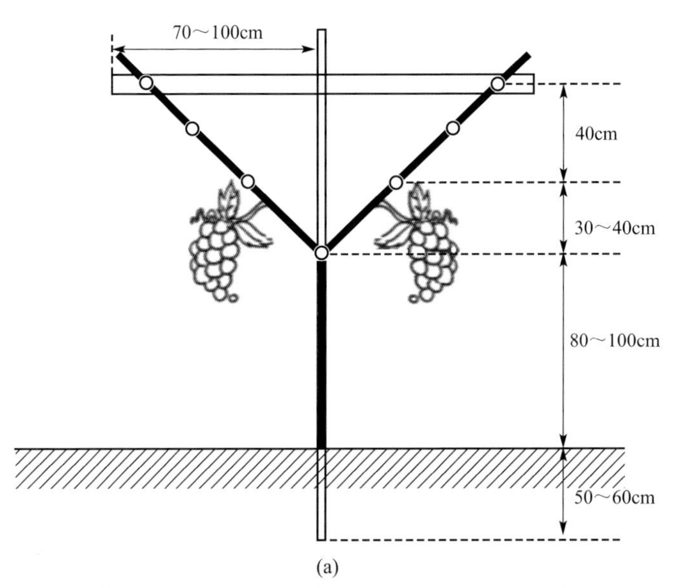

(a)

(b)

图 3-19　三角形“V”形架

4. 联电杆式宽顶架

联电杆式宽顶架（图 3-20）是双“十”字“V”形架的改进。该架式为单立柱，南北行向，立柱间距 6m。每根立柱离地 1.0 ～ 1.2m 处设 1 道铅丝，第 1 道铅丝上方 50cm 处设 1 横担，长 1.0 ～ 1.5m（因行距宽窄不同）。在横担中部和两端拉 1 道铅丝，中间和两端各拉 1 道。

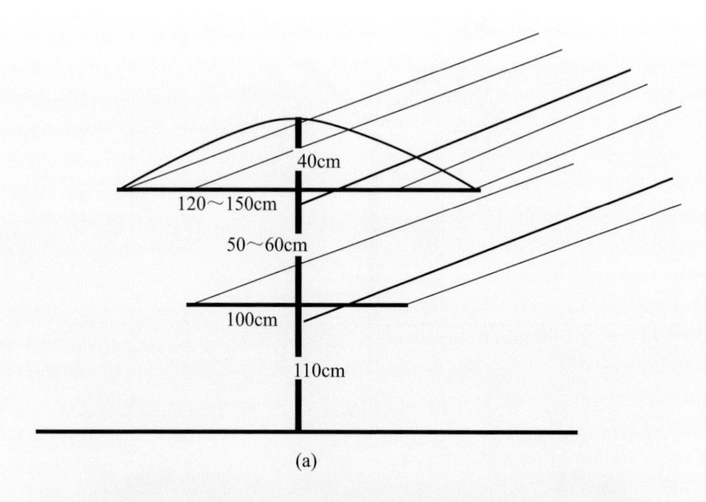

(a)

(b)

图 3-20　联电杆式宽顶架

5. “T”形架

“T”形架（图 3-21）搭建避雨棚为南北方向。脊柱位于定植沟中间，脊柱地上高 3.2m（脊柱高 3.8m，地下埋 0.6m），脊柱与脊柱相距 3m，脊柱与边柱相距 2.5m。脊柱与边柱用直径 25mm、厚 2.5mm 热镀锌管连接，棚跨度 5m。距地面 2m 高处，东西方向每行立柱拉 1 道 12 号镀锌铁丝，南北方向每相距 30cm 拉 1 道 12 号镀锌铁丝。

图 3-21 “T”形架

第四节 ‘阳光玫瑰’葡萄定植前准备工作

一、苗木准备和处理

‘阳光玫瑰’葡萄苗木应选择芽眼饱满，根系发达，符合优质壮苗标准的。苗木定植前，嫁接口上留 3 ～ 5 个饱满芽，其余全部剪去，根系留 10 ～ 20cm。栽前准备好湿麻袋或草帘，以备栽苗未栽完覆盖用。苗木栽前先用清水泡 24h 以上，要求整个苗都泡到。泡好后，选用喹啉酮、松脂酸铜、甲基硫菌灵其中 1 种，将根部浸泡 20 ～ 30min 进行消毒，再用配好的泥浆蘸根，泥浆配方是 1 份土，3 ～ 5 份水，再加生根粉，以保持水分，提高苗木成活率。

二、定植穴规格及栽植要求

定植穴呈圆柱形，其直径在 30 ～ 60cm。栽植深度一般 8 ～ 10cm，不超过 10cm。深栽影响成活，且缓苗慢。要求小苗放入定植穴后舒展根系，使其分布于主干四周。

三、定植后浇水及注意事项

定植后当天要浇足定根水。过两天培一个 20cm 左右高的小土堆，以增温、保墒、防冻，注意预防地表土壤龟裂抽干根系水分，根据实际情况再浇 1 次透水，并及时覆盖除草布（膜）。在没有长出卷须前，不施肥料。如果覆盖了黑地膜或除草布，正常不缺水不要频繁滴灌浇水，以免沤根，影响成活及提苗。

四、建园步骤

‘阳光玫瑰’葡萄规模化、高标准、机械化整地建园，可按照如下 14 个步骤（图 3-22）进行。

1. 旋耕机旋耕

用旋耕机全园旋耕一遍，尽量将土地平整，去除石块、树根等杂物。如果立地果园土地平整，不影响浇水，且无石块、树根等杂物，该步骤可以省去。

2. 确定定植行

土地平整完成后，用长绳或白石灰在定植行两侧划定宽 80cm 的分界线。划线过程中，确定定植行呈一条直线。

3. 撒施果树专用肥

该步骤是该技术的关键步骤之一。就是在定植行内撒施有机肥，撒施肥料的多少，根据肥料种类和使用量确定，撒施前要计算好肥料撒施的密度。如利用中国农科院郑州果树研究所研发的果树专用全营养生物菌肥建园时，每亩只需 200kg，如果行距 4m，定植行内肥料撒施量为 1.2kg/m。肥料撒施量的计算方法为：

$$撒施量 =200kg \div（667m^2 \div 行距）$$

4. 旋耕机二次旋耕

将肥料施入定植行后，再次用旋耕机旋耕定植行，保证肥料与土壤混合均匀。如果整地预算有限的情况下，也可省略该步骤，直接到第 5 步。

5. 深翻定植沟

该步骤也是该技术的关键步骤之一。就是用挖掘机沿定植行挖深 80cm 的定植沟，将挖出的土和肥就地散落回定植沟内。在土壤自然散落的过程中，土壤和肥料得到了充分混匀，同时也使得深层土壤得到了疏松。该步骤完成后，定植行的土壤比行间土壤高出 5 ～ 10cm。

6. 定植行开浅沟

在定植沟深翻完成后，用开沟机或挖掘机沿定植行开深 20cm 左右的浅沟。该步骤的目的是方便灌水。

7. 定植行一次浇水

沿第六步开好的浅沟浇水，直至浇透。浇透后，定植行内土壤下沉，局部会有凹凸不平的现象。

8. 旋耕机三次旋耕

将定植沟旋耕整平。待水下渗，旋耕机可以下地操作后，沿定植行将土地整理平整。

9. 确定定植点

用长绳标定定植行正中央，用卷尺在定植行内标定苗木定植位置，使株距保持一致，并做好标记。

第1步：旋耕机旋耕

第2步：确定定植行

第3步：撒施果树专用肥

第4步：旋耕机二次旋耕

第5步：深翻定植沟

第6步：定植行开浅沟

第7步：定植行一次浇水

第8步：旋耕机三次旋耕

图 3-22 ‘阳光玫瑰’葡萄规模化、高标准、机械化建园

10. 打定植穴

用打坑机在定植位置打坑，深度约为 30cm 或能够栽植即可，也可直接人工定植。

11. 栽苗

在栽植位置栽种苗木，使苗木根系尽量舒展地放置在定植穴内覆土。

12. 打畦

以苗木定植带为中心，打宽1m的畦，畦一定要平整，方便浇水均匀。

13. 定植行二次浇水

沿打好的畦浇透水，保证苗木有充足水分供应，利于成活。

14. 覆膜

沿打好的畦铺设黑地膜，保水保墒，注意膜边缘要用土封严，以免漏风。该技术在定植沟开挖过程中，将传统技术中挖沟、施肥、混匀、回填、整平5道工序缩减为施肥和挖沟深翻2道工序。在挖定植沟过程中，同步实现了混匀、回填和整平，缩减了使用工序，缩短了施工时间，在一个完整的过程中，将挖掘机的运行次数缩减为原来一半，实现了肥料与土壤的机械化混匀。该技术能大大减少人力耗费，提高工作效率，降低劳动成本，同时避免了肥害对新栽果树的潜在威胁。

第四章

‘阳光玫瑰’葡萄田间管理关键技术

第一节 ‘阳光玫瑰’葡萄土肥水管理关键技术

一、土壤管理关键技术

‘阳光玫瑰’葡萄园的土壤管理，应在定植沟土壤改良基础上，每年继续施有机肥，扩沟改良土壤；同时，对行间土壤加强管理。葡萄园土壤管理方法、土壤管理水平的高低与土壤养分含量和养分供应密切相关，进而能影响‘阳光玫瑰’葡萄树体生长和结果。土壤中有毒、有害物质影响果实的食用安全性。因此，良好的土壤管理是进行‘阳光玫瑰’葡萄绿色生产的前提，也是保护环境、实现可持续发展的基础。

（一）土壤改良

‘阳光玫瑰’葡萄土壤改良是针对土壤的不良性状和障碍因素，采取相应的物理或化学方法，改善土壤性状，提高土壤肥力，增加其产量的过程。

土壤是‘阳光玫瑰’葡萄树体生存的基础。葡萄园土壤的理化性质和肥力水平等因素影响着葡萄的生长发育及果实的产量和品质。土壤瘠薄、漏肥漏水严重、有机质含量低、土壤盐碱或酸化、养分供应能力低等是我国葡萄稳产优质栽培的主要障碍，因此，持续不断地改良和培肥土壤是我国葡萄园稳产优质栽培的前提和基础。

土壤的水、肥、气、热等肥力因素的发挥受土壤物理性状、化学性质及生物学性质的共同影响，因此在土壤改良过程中可以选择物理、化学及生物学的方法对土壤进行综合改良。

1. 物理改良

物理改良就是采取相应的农业、水利等措施，改善土壤性状，提高土壤肥力的过程。具体措施包括：①适时耕作，增施有机肥，改良贫瘠土壤；②客土、漫沙、漫淤等，改良过砂、过黏土壤；③平整土地；④设立灌、排渠系，排水洗盐等，改良盐碱土壤。

2. 化学改良

化学改良就是用化学改良剂改变土壤酸性或碱性的措施。常用化学改良剂有石灰、天然石膏、磷石膏、氯化钙、硫酸亚铁和腐植酸钙等，具体使用哪种改良剂要根据土壤的性质决定。碱性土壤要选用天然石膏、磷石膏等以钙离子交换出土壤胶体表面的钠离子，降低土壤的pH；酸性土壤要选用石灰性物质。需要注意的是：化学改良必须结合水利、农业等措施，才能取得更好的效果。

3. 生物改良

生物改良就是用各种生物途径（如种植绿肥、果园生草）增加土壤有机质含量以提高土壤肥力，或营造防护林，设立沙障，固定流沙，改良风沙土等。

‘阳光玫瑰’葡萄为多年生树种，贫瘠土壤区最值得推崇的土壤改良方法是建园时的合理规划，包括开挖深0.5m、宽1.5～2.0m的定植沟，将秸秆、家畜粪肥、绿肥、过磷酸钙等与园土混匀后填入沟内，为根系生长创造良好的基础条件。随后在‘阳光玫瑰’葡萄生长发育过程中，每年坚持在树干两侧开挖宽30cm左右、深30～40cm的施肥沟，或通过施肥机将有机肥均匀地施入土壤，从而促进新根的大量发生，增强‘阳光玫瑰’葡萄根系的吸收功能，进而为‘阳光玫瑰’葡萄的优质生产创造条件。

（二）土壤耕作

‘阳光玫瑰’葡萄土壤耕作主要有以下几种方式：清耕法、覆盖法、果园间作法和生草法等。目前运用最多的是清耕法、生草法和覆盖法。在具体生产中应根据不同地区的土壤特点、气候条件、劳动力情况和经济实力等因素，因地制宜地灵活运用不同的土壤耕作方法，在保证土壤可持续利用的基础上，最大限度地取得经济效益。

1. 清耕法

‘阳光玫瑰’葡萄清耕法是在生长季内多次浅清耕，松土除草（图4-1），一般灌溉后或杂草长到一定高度时进行也叫清耕（图4-2），该方法是目

图 4-1 ‘阳光玫瑰’葡萄春季清耕

图 4-2 ‘阳光玫瑰’葡萄生长季中耕

前最为常用的葡萄园土壤管理制度。在少雨地区，春季清耕有利于地温回升，秋季清耕有利于‘阳光玫瑰’葡萄利用地面散射的光和辐射热，提高果实糖度和品质。清耕葡萄园内不种植作物，一般在生长季节进行多次中耕。秋季深耕，需保持表土疏松无杂草，同时，可加大耕层厚度（图 4-3）。清耕法可有效地促进微生物繁殖和有机物氧化分解，显著改善和增加土壤中的有机态氮素。但如果长期采用清耕法，在有机肥施用不足的情况下，土壤中的有机物会迅速减少。清耕法还会使土壤结构遭到破坏，在雨量较多的地区或降水较为集中的季节，容易造成水土流失。

图 4-3 ‘阳光玫瑰’葡萄秋季深耕

2. 覆盖法

覆盖法是目前‘阳光玫瑰’葡萄果园使用的一种较为先进的土壤管理方法，适用于干旱和土壤较为瘠薄的地区使用，有利于保持土壤水分和提高土壤有机质含量。葡萄园常用的覆盖材料有地膜（图 4-4）、地布（图 4-5）、稻壳、稻草（图 4-6）、玉米秸、麦秸（图 4-7）、麦糠等。覆盖法可以减少土壤水分蒸发和增加土壤有机质含量。覆盖作物秸秆需要避开早春地温回升期，以利于提高地温。

图 4-4 ‘阳光玫瑰’葡萄覆盖地膜

图 4-5 ‘阳光葡萄’覆盖地布

图 4-6 ‘阳光玫瑰’葡萄进行覆草保温

图 4-7 ‘阳光玫瑰’葡萄覆盖秸秆

‘阳光玫瑰’葡萄土壤覆盖应在灌水或雨后进行。为防止风吹和火灾，可在草上压些土。覆草多少根据土质和草量决定，一般覆干草1500 ～ 2000kg/亩，厚15 ～ 20cm，上面压少量土，连覆3 ～ 4年后浅翻1次，浅翻结合秋施基肥进行。

葡萄园覆盖法的优点：一是保持土壤水分，防止水土流失。二是提高土壤有机质含量。三是改善土壤表层环境，促进树体生长。四是提高果实品质。五是浆果生长期内采用果园覆盖措施可以使水分供应均衡，防止因土壤水分剧烈变化而引起裂果。六是减轻浆果日灼病。

覆盖法的缺点：一是‘阳光玫瑰’葡萄树盘上覆草后不易灌水。二是覆草后果园的杂物包括残枝落叶、病烂果等不易清理，为病虫提供了躲避场所，增加了病虫来源。因此，在病虫防治时，要对树上树下细致喷药，以防加剧病虫危害。三是覆盖后地面温度高、透气性好，造成根系上浮（图4-8）。

图4-8　覆盖地布造成‘阳光玫瑰’葡萄根系上浮到地面

3. 果园间作法

‘阳光玫瑰’葡萄果园间作一般在距‘阳光玫瑰’葡萄定植沟埂50cm外进行，以免影响‘阳光玫瑰’葡萄的正常发育生长。间作物以矮秆、生长期短的作物为主，如葱蒜类（图4-9）、花生（图4-10）、豆类（图4-11）、中草药、食用菌等。

图 4-9 ‘阳光玫瑰’葡萄与大蒜间作

图 4-10 ‘阳光玫瑰’葡萄与花生套种

图 4-11 ‘阳光玫瑰’葡萄与大豆间作

4. 生草法

在年降水量较多或有灌水条件的地区，可以采用果园生草法。果园生草可以采用自然生草和全园或带状人工生草两种方法。自然生草是利用果园中自己长起来的杂草，在不用除草剂的情况下，人为剔除恶性杂草，培养保留下来的草种（图 4-12）。

图 4-12 ‘阳光玫瑰’葡萄园自然生草

自然生草的草种是通过多年自然竞争选择存活下来的，能够很好地适应果园里的生态环境，且管理成本相对较低。自然生草在杂草高度达 30 ～ 50cm 时，将其刈割，使其地上部保留 10cm，割掉部分覆盖树盘。杂草在生长后期，由于温度较高，雨水充足，杂草较多，一般割 2 ～ 3 次。在立秋后，要停止割草直至自然死亡，使其产生适量种子，翌年保持一定的杂草密度。在生长期中注意选留良性杂草，如马唐、狗尾草、虎尾草等；去除恶性杂草包括反枝苋、灰绿藜、刺儿菜、苍耳等。注意对于树盘杂草，必须清除干净。有条件的‘阳光玫瑰’葡萄园，可在树盘处覆盖防草布。

人工生草的草种多为多年生牧草和禾本科植物，如白车轴草（图 4-13）、苜蓿（图 4-14）、长柔毛野豌豆、黑麦草、鸭茅、百脉根等，一般采用播种法。播种期分春播和秋播。春播在 4 月初～ 5 月中旬；秋播在 8 月中旬～ 9 月中旬，一般秋播比较好。播种方法分条播和撒播。条播深

图 4-13 ‘阳光玫瑰’葡萄园人工生草（白车轴草）

图 4-14 ‘阳光玫瑰’葡萄园人工生草（苜蓿）

15cm 左右，撒播深 1cm 左右。育苗用播种量条播为 0.50 ～ 0.75kg/亩，撒播 1.0 ～ 1.5kg/亩。直播法要进行较细致的整地，然后灌水，墒情适宜时播种。可采用沟播或撒播。沟播先开沟，再播种、覆土；撒播先播种，再均匀地在种子上面撒一层干土。此法简单易行，但用种量大，且在草的幼苗期要人工除去杂草，用工量较大。通常在播种前进行除草剂处理，选用在土壤中降解快的广谱性除草剂。也可在播种前先灌溉，诱杂草出土后施用除草剂，过一定时间再播种。还可采用苗床集中先育苗，后移栽方法。人工生草，可在葡萄行间间作长柔毛野豌豆、苜蓿、白车轴草；在树盘下采用有机物料覆盖；用种量 3 ～ 5kg/亩，注意定期刈割，将草的高度控制在 30cm 以下。自繁种，一次播种管 3 ～ 5 年。

果园生草要预防鼠害和火灾，禁止放牧。特别是冬、春季，应注意鼠害。采用秋后果园树干涂白或包扎塑料薄膜预防鼠害，冬季和早春注意防火；果园应禁止大规模放牧。在树下施基肥，可在非生草带内施用；实行全园覆盖，可用铁锹翻起带草的土，施入肥料后再将带草土放回原处压实。生草果园最好实行滴灌、微喷灌、沟灌的灌溉措施，防止大水漫灌。果园喷药，应尽量避开草。剪掉的病枝叶应及时收拾干净，不要遗留在草中。对于年降水量 550mm 地区，采用果园覆草；年降水量 550 ～ 700mm 地区，采用行间生草加株间覆盖方法。

（三）规模化优质丰产高效栽培土壤管理

‘阳光玫瑰’葡萄定植后的最初几年在新梢成熟后到落叶前结合深施基肥采用机械进行深翻改土。一般深翻 50 ～ 60cm，深翻时新沟和旧沟不要重叠过多，2 个沟之间也不要出现隔离层，逐渐扩大深翻范围，最终达到全园贯通。深翻时，将地表熟土与下层生土分别堆放，回填时将充分发酵腐熟的有机肥与表土混合回填。回填后立即浇透水。隔 3 ～ 4 年深翻 1 次，或隔年隔行轮流进行。在定植后的第 2 年早春萌芽前，结合施催芽肥，根据情况对全园浅翻耕，一般深 15 ～ 20cm，也可通过开施肥沟疏松土壤。地温开始回升后，对园地行间覆盖黑色地膜，树下铺玉米秸、麦秸等，以减少地面水分蒸发，抑制杂草生长，防止水土流失，稳定土壤温度、湿度。有机覆盖物分解腐烂后成为有机肥料，可改良土壤。在葡萄果实发育期，应根据土壤板结情况进行中耕，通常灌溉后中耕深度 5 ～ 10cm，里浅外深，如为了改良土壤，葡萄行间种苜蓿、斜茎黄芪、白车轴草等，必须在适当时间割埋处理。

二、施肥管理关键技术

根据‘阳光玫瑰’葡萄的需肥规律，前期即萌芽、新梢生长、保果、第1次膨大需高氮，中期注意养分平衡，后期需高钾。注意功能性肥料和微量元素的使用，增施有机肥料，提高土壤有机质含量，合理用肥，改善土壤环境。施肥重点是基施有机肥、增施钾肥、补充微肥，在不同时期选用不同肥料，实行少量多次，不断满足树体生长和果实发育需要，提高果树品质。

（一）营养需求量

在生产上，设施葡萄对大中量元素的需求量以氮最高，其次是钙、钾，磷和镁最少。对微量元素的需求量，以铁最高，其次是锰，再次为锌、硼和铜。因此，葡萄不仅是钾质作物，更是钙质作物。

（二）不同年龄期施肥要求

‘阳光玫瑰’葡萄未结果幼树，以培养树冠扩大，尽快结果为主。一般自新梢抽发起每隔15～20天追肥1次，以追施氮肥为主，配施磷钾肥和有机腐植酸类冲施肥（图4-15），注意各种肥料的交替使用和施肥后的中耕松土和除草等。结果树施肥根据土壤肥力、挂果量和优质果栽培等需

图4-15 ‘阳光玫瑰’葡萄幼树施肥

要合理施肥，改善土壤团粒结构，提高土壤有机质含量，不断满足树体生长发育需要。

（三）年周期需肥要求

‘阳光玫瑰’葡萄萌芽肥以高氮水溶肥为主，配合磷肥，少量钾肥及海藻酸等生根护根肥。如上年基肥充足，且当年负载量小，萌芽肥可不施。新梢快速生长期，以速效氮、磷肥为主，配合适量钾肥。为防落花落果，花前10天不追施氮肥，喷施流体硼肥。开花前1周，以根外追肥为主，补充铁、锰、硼、锌等微量元素。幼果至硬核期，以高氮肥为主，逐渐过渡到大量元素平衡肥，注重钙、镁等中微量元素及鱼蛋白、腐植酸的补充。浆果成熟期，以钾肥为主，配合适量磷肥及少量氮肥。采果后，以氮肥为主，配合适量磷钾肥。果实采收后秋施肥（图4-16），以有机肥为主，配施三元复合肥、钙镁肥和硼锌肥，促进树势恢复和花芽分化，为翌年丰产打好基础。

图4-16 ‘阳光玫瑰’葡萄秋施基肥

（四）规模化‘阳光玫瑰’葡萄园施肥管理关键技术

在河南省郸城县唯葡家庭农场‘阳光玫瑰’葡萄栽培示范基地，定植当年萌芽前，每亩施含氮46%的尿素15kg，初花期追施磷钾复合肥

15kg，以促进新梢生长，提高坐果率。花后 4 ～ 8 天，追壮果肥，每亩施饼肥 100kg、尿素 15kg、钾肥 10kg、硫酸钾复合肥 25kg，尿素最佳施肥期在花后 4 ～ 6 天。果实膨大期以钾肥为主，每亩追施硫酸钾复合肥 30kg，以促进果实发育，提高含糖量。基肥 10 月上旬施，每亩施充分腐熟发酵的羊粪 4000kg，配施根呼吸有机肥，每亩施入量 40kg，速效复合肥 100kg，施肥量占全年总施肥量的 50% ～ 60%。施肥方法采用沟施。其中 1 ～ 2 年幼树采用环状沟施。在植株 50cm 以外挖深 30 ～ 40cm、宽 30cm 左右的环状沟施入肥料。3 年及以上的成龄园采用条状沟施。根据葡萄植株长势在距植株 50 ～ 80cm 处挖深 40 ～ 60cm、宽 40 ～ 50cm，与葡萄行平行的沟。随树龄增加，根系扩大，施肥沟与植株距离逐年加大，直到全园贯通，施肥深度由浅而深，逐年增加。生长季根据生长情况进行叶面喷肥，开花前 2 周喷 0.2% 的硼砂和 0.2% 的磷酸二氢钾，隔 1 周再喷 1 次；从 5 月上旬至采果前每 10 天喷 1 次 0.2% 的磷酸二氢钾。

（五）‘阳光玫瑰’葡萄精品栽培园科学施好 10 次肥

‘阳光玫瑰’葡萄是一个需肥量最多的品种，施好肥料是连年种出精品果的关键之一，还关系到肥料成本。根据多年的栽培管理实践，总结形成了‘阳光玫瑰’葡萄 6 个生长期施 10 次左右肥料技术，现介绍如下。

1. 基施有机肥料

基施有机肥料在当地进入气象学秋季，即当地连续 5 天气温低于 22℃时进行。还未进入气象学秋季不宜施用。否则，气温较高，施肥翻土，伤根较多，叶片会落、变黄。种植前几年亩施有机肥 2000kg，提高土壤有机质含量，是种好‘阳光玫瑰’葡萄的基础。以后根据树势定施肥量，如树势连续 2 年较旺，可适当减少施肥量。注意，不施用除磷肥外的其他化学肥料，包括微量元素肥料（图 4-17）。

2. 萌芽前施催芽肥

萌芽前施催芽肥，施用氮素肥料和缺素症园的微量元素肥料，不必施用含磷、钾的肥料，有缺镁症状的园每亩配施农用硫酸镁 25kg 左右。施

图 4-17　基施有机肥

肥时期大棚促早栽培封膜后即可施用。避雨栽培在萌芽前 15 天前后施用。施肥方法是亩施氮、磷、钾含量均为 15% 的复合肥 5 ～ 8kg，畦面撒施，浅翻入土。

3.6 叶期施壮蔓肥

‘阳光玫瑰’葡萄长势较旺的园不宜施用壮蔓肥，长势中等和偏弱的园应施用壮蔓肥。肥料选用氮素肥料硝酸铵，施肥量每亩 5kg，不必施用含磷、钾的肥料。施肥期为多数新梢 6 叶左右。采用 6 叶剪梢的园，剪好梢即施用或剪梢前施用。

4. 果实第 1 膨大期施膨果肥 4 次左右

果实第 1 膨大期促果粒膨大的关键之一是多肥多水。在坐果后即开始开花第 18 天开始施肥，以后每 5 ～ 7 天施用 1 次，连续施用 4 次左右。肥料选用、施肥量和施用方法根据各自情况而定，前 2 次以选用高氮肥料为主，后 2 次选用高钾低磷的三要素肥。在施好果实第 1 膨大肥，肥水配合情况下，果实第 1 膨大期结束时，多数果穗果粒横径可达到 2 ～ 3cm 及 3cm 以上，基本没有僵果。如果果实第 1 膨大期已出现僵果，应立即施用氮肥和供水。已发生僵果的园，含氮素肥料可施用到开始开花第 50 天左右，对防止或减轻果实第 2 膨大期发生僵果有效果。

5. 果实第 2 膨大期施膨果肥 2 次

果实进入第 2 膨大期（开始软化期）对钾素营养需要量增加，应施 2 次以钾为主的肥料，使果粒继续增大，有利增糖，成熟果粒横径达 2.8 ～ 3.0cm，果粒重 14 ～ 16g。该期控制氮肥施用。如挂果偏多或树势偏弱的园，可酌情施用含有氮素的肥料。

6. 早上市园酌情施好采果肥

'阳光玫瑰'葡萄树长势好可不施肥；如挂果偏多，或树体生长中庸，采果后可施用氮素肥料，含有磷、钾的肥料不必用。采果后遇最高气温 30℃以上天气，不宜施用采果肥，否则叶片会黄化。最高气温降至 30℃以下可施用。

7. 推迟上市园挂果期肥水管理

'阳光玫瑰'葡萄果实已成熟园推迟上市，肥水管理掌握的原则是：推迟 15 天上市供 1 次肥水，推迟 30 天上市供 2 次肥水，推迟 45 天上市供 3 次肥水。每次肥水供应量要根据园地情况和树体生长情况而定。发现裂果、烂果、锈果应立即采摘上市。

三、水分管理关键技术

1. 灌水标准及要求

萌芽前大水浇透，最好 1 次浇透。灌溉次数要少，避免降低地温，影响根系生长。花前、花后要浇水，花期禁水，以免引起落花落果。果粒膨大期勤浇水，保证果粒迅速膨大，枝叶旺盛生长；转色成熟期控水，有利于浆果着色和上糖。采收后及时灌水。通常结合基肥灌 1 次大水，以利于恢复树势，促进新梢发育和营养积累，以及花芽进一步分化和发育，为来年丰产打好基础。具体花期和成熟采摘前 7 ～ 10 天控水；萌芽期、保果和膨果后足水，二次膨大期保持水分适度，封冻水和萌芽水漫灌。

2. 提倡畦面覆盖黑色除草膜

畦面覆黑色膜能保水压草，促根系下扎。在新梢生长期覆膜，最晚于开始开花前覆好膜，可连续用 5 年左右。

3. 供好水

破眠剂涂芽时必须供水；无核保果剂、果实膨大剂处理时结合施肥要供水；每次施肥都要及时供应较多的水；果实第 1、第 2 膨大期园地均要保持湿润，不能干燥。但也要避免土过湿，以免影响根系生长。秋季遇干旱天气要供水。

4. 受涝园土壤水分管理

受涝园抢排水，越快越好。对果实还不能上市的园剪果保树。淹水 72h 以上剪掉全部果穗，剪果保树；淹水 24 ～ 72h 看树势和挂果量，剪掉部分或大部分果穗，剪果保树；淹水 24h 以下的园是否要剪果保树，根据挂果量和树体长势而定。一般淹水园秋季顶梢嫩叶枯萎的树会死，顶梢嫩叶完好的树不会死。淹水园水排出后 10 天内不能施用任何肥料，否则会加重树体死亡。淹水园对根系影响很大，下一年要少挂果，以培育树体。

5. 规模化‘阳光玫瑰’葡萄园水分管理

在河南省郸城县唯葡家庭农场，‘阳光玫瑰’葡萄园规模化优质丰产高效栽培水分管理是灌水结合施肥进行，采用水肥一体化（图 4-18、图 4-19）

图 4–18　水肥一体化滴灌系统装置

技术，利用滴灌系统，结合数字化果园技术（图 4-20），采用手机智能客户端控制施肥浇水量，进行精准定量施肥浇水。‘阳光玫瑰’葡萄周年水分管理必须做到促控结合，“两促两控，保证冻水”：在葡萄萌芽前、开花前灌 2 ～ 3 次水，花前最后 1 次灌水在花前 1 周进行，以促进新梢生长和花芽形成；开花期控水防止枝叶徒长和授粉不良；浆果膨大期结合施肥灌 1 次水，以促进果实膨大及花芽形成；浆果着色期控水以防病害、防裂果，提高果实品质；11 月封冻前浇 1 次水。其他时间根据土壤墒情，适时浇水。

图 4-19 智能水肥一体机

图 4-20 数字化果园装置

第二节 ‘阳光玫瑰’葡萄整形修剪关键技术

一、树形选择

‘阳光玫瑰’葡萄树形可选择双“十”字“V”形、“T”形、温室单行单臂龙干双向树形、温室多行双“十”字形架单干双臂树形、温室多行小扇形树形、飞鸟架式树形等。

二、整形修剪

（一）规模化栽培整形修剪

1. 树形培养

在河南省郸城县唯葡家庭农场避雨联动式塑料大棚内双“十”字“V”形架树形培养，采用插小竹竿的方法，每株苗1根，注意及时抹芽定梢；萌芽后留2～3个萌芽，萌条长至10cm左右，留最好的1个培养，其余抹掉，及时绑蔓。待培养萌条长至60cm及时打顶。在定干高度铁丝下10cm左右留1副梢培养为结果臂，单干单臂培养。结果臂上长出的副梢及时留3片叶摘心，以促进主干和结果臂增粗，特别注意结果臂和主干部位第1个副梢摘心强度适当大一些。结果臂上副梢长至1m左右及时绑蔓固定，留2叶绝后反复摘心。同时，注意及时去除卷须。

高宽垂架“一”字形整形：整形株行距1.5m×3.0m，于1.5m处定干培养两条主蔓。两树交接处同时摘心，促使主蔓萌发副梢，并保留所有副梢，只对其留3～4叶反复摘心，培养结果母枝。该架形主要参数是：立柱长3m，下端埋土60cm，在立柱1.5m处拉第1道钢丝，1.75m处设横梁，横梁采用钢管（或三角铁），横梁长1.5m，以横梁的中点向两边每隔35cm处打孔，共打4孔，拉4道钢丝。然后用铁丝将每根立柱上横梁与钢丝固定即可（图4-21）。

图 4-21　高宽垂架“一”字形整形

“厂”字形整形株行距 3.0m×2.6m，每株只留 1 个向前延伸的主蔓，在 1m 处攀爬于倾斜向上的架面上，形成独龙干。培养当年将龙干 1m 以下副梢全部抹除，上部副梢全部保留，只对其留 3 ～ 4 片叶反复摘心即可，培养来年结果母枝（图 4-22）。定植当年冬剪时，结果母枝全部保留 2 芽进行短梢修剪。灵活掌握单枝更新法、双枝更新法，对树体进行短截、回缩。

图 4-22　“厂”字形整形

2. 生长期修剪

（1）抹芽　萌芽后，根据萌发芽的优劣选择留健壮芽、着生位置好的芽；去除无用芽、副芽和瘪芽、位置不好的芽。抹芽时间一般在萌芽后10～15天分次进行。抹芽分2次进行：第1次抹芽（图4-23）主要抹去无用的芽，如单个芽眼萌生的副芽和主蔓基部萌生的萌蘖；第2次抹芽在第1次抹芽后10天左右进行，主要抹去第1次多留的芽、后萌发的芽和无用芽、位置不当的芽。对于有利用价值的弱芽应尽量保留，如主蔓有缺位的部分尽量留芽（无论强弱）。

图4-23　第1次抹芽时期

（2）定枝　继抹芽之后，确定架面新梢数量及调整负载量的技术措施。定枝（图4-24）一般在新梢长至15cm左右，花穗出现并能分辨出花穗质量时进行。定枝根据架面分布情况而定：高宽垂架式、“厂”字形架一般采用短梢修剪，结合中梢修剪。在定枝时，要根据花穗质量、枝条着生的位置和方向掌握定枝的数量。一般一个结果母枝只保留一个新梢，最多不超过3个。新梢间距15～20cm。如相邻结果新梢有缺位，可保留2个新梢。另外，根据枝条生长势强弱来决定定枝数量，一般生长势强、花穗发育充分、穗形较大的，要适当少留新梢；生长势中庸或较弱、花穗发育一般、穗形较小的，枝条要多留，并在留枝时将分化不好的小型花穗去除。

(a)

(b)

图 4-24　定枝

（3）摘心　分主梢摘心和副梢摘心。主梢摘心（图 4-25）最佳时期是始花期；摘心位置一般在花序以上 5 ～ 6 片叶，摘心处的叶片一般为正常叶片 1/3 大小。坐果后，结果枝延长梢无需再摘心，可以引缚延长梢向下垂直生长，改善架面透光条件，减少管理工作量。副梢摘心在主梢摘心后，葡萄枝条生长先端受阻，叶腋副梢迅速生长，造成架面过分郁闭，影响通风透光时进行。幼树副梢摘心方法是：在不影响树体整形情况下，留 2 ～ 3 片叶反复摘心，以增强幼树的营养面积。结果枝副梢摘心方法是：

图 4-25　主梢摘心

果穗以下的副梢全部抹去，果穗以上部分，留 2 ～ 3 片叶反复摘心，或副梢发出后，留 1 片叶进行“单叶绝后”摘心。营养枝除顶端副梢，留 3 ～ 4 片叶反复摘心。

（4）去卷须　卷须是葡萄花穗的同源器官，同时也是葡萄借以攀缘的器官。在生产栽培中，卷须对葡萄生长发育作用不大，反而会消耗营养，相互缠绕枝条，给枝蔓管理带来不便，因此，应该及时剪除卷须（图 4-26）。

（5）枝条绑缚　枝条绑缚就是对葡萄枝蔓进行固定和定位。利用绑蔓器（图 4-27）或绑扎丝（图 4-28）或尼龙线夹（图 4-29）缠绕固定的方法进行绑蔓，通过绑蔓引缚，合理调整枝蔓角度，使枝条在架面上的新梢分布均匀、通风透光良好、枝果比适当，最终达到充分利用阳光、促进枝条发育的目的。由于‘阳光玫瑰’葡萄新梢基部较脆，在外力作用下（如风、

图 4-26　去卷须

图 4-27　绑蔓器绑缚枝条

图 4-28　绑扎丝绑缚枝条

图 4-29　尼龙线夹绑缚新梢

触碰）极容易掉落，因此，绑缚新梢时间需推迟，可于新梢基部半木质化后进行，即新梢基部坐稳后进行。另外，绑缚前可以先进行扭梢。注意使用绑蔓器绑缚的绑条容易被大风刮开，不宜在结果植株上使用，可以用于在 1 年生植株上绑缚新梢。

（6）扭梢　扭梢待新梢基部半木质化后，在新梢基部进行。扭梢可以显著抑制新梢旺长。在绑梢前对生长方向不好的新梢进行扭梢以利于绑缚，也可以起到减少由绑梢用力过大造成的新梢扭断现象。扭梢在开花前进行，可显著提高葡萄坐果率；幼果发育期进行扭梢可促进果实成熟和改善果实品质及促进花芽分化。扭梢的方法是一只手捏住新梢基部不动，另一只手捏住新梢第二至第三片叶处的新梢位置向外或向内轻轻扭动，当听到新梢因扭伤而发出“咯噔”一声时，即完成扭梢。

（7）环剥或环割　‘阳光玫瑰’葡萄环剥或环割的作用是在短期内阻止环割部位上部叶片合成的光合产物向下运输，从而使养分在环剥或环割以上的器官储藏。花前 1 周环剥或环割能够提高坐果率，软化期进行环剥或环割能够提早果实成熟。根据环剥或环割的部位不同可以将其分为主干环剥或环割、结果枝环剥或环割、结果母枝环剥或环割。环剥宽度一般为 3 ～ 5mm，不伤木质部（图 4-30、图 4-31）；环割一般连续 4 ～ 6 道，深达木质部。

图 4-30　‘阳光玫瑰’葡萄枝蔓环剥

图 4-31　‘阳光玫瑰’葡萄枝干环剥后

（8）疏除无用叶　在整个生长过程中，对残叶、病叶等无用叶要及早疏除。

3. 休眠期修剪

冬剪时间在每年 12 月中旬至翌年 2 月上旬，年前修剪结束。根据葡萄树势强弱和结果母枝长短，采用强蔓长留、弱蔓短留，上部长留、下部短留的修剪方法，将 1 年生主蔓所有生长副梢全部疏除，只留单条主干。以短梢修剪为主，结合中梢修剪，剪口与芽眼距离一般 3 ～ 5cm，或在留芽上部芽眼中间进行短截。结果树每结果枝留 2 ～ 3 个芽，萌芽后去强、留中、促弱。注意及时合理更新枝蔓，调节营养生长和生殖生长，防止结果部位上移。如果结果枝出现缺位，将缺位部分下部的结果枝条延长修剪。修剪时剪口要平滑，不留毛茬。疏枝时，剪口控制在离基部 1cm 以下，不要紧贴在基部下剪。待残桩干枯后，再从基部将其剪去。对粗度达到 0.8cm 以上，成熟良好的夏芽或冬芽副梢选留 2 ～ 3 节，疏除生长势弱的枝。

（二）日光温室双“十”字“V”形架整形修剪

黄河故道地区日光温室葡萄采用双“十”字“V”形架进行整形时，当年培育 4 条主蔓作为第 2 年的结果母枝，以利提高产量。

1. 定植当年整形修剪

当‘阳光玫瑰’葡萄新梢长到 15 ～ 20cm 时，选留 1 个健壮新梢，其余抹除，培育 1 条主干。当主干长至离立柱上的底层铁丝 30cm 左右时，在底层铁丝下 40cm 处摘心或剪梢，选留 2 条主蔓，等较短主蔓长到 30cm 长时，同一天同一高度在底层铁丝下 20cm 处摘心或剪梢，形成 4 条主蔓。4 条主蔓长到底层铁丝后，及时进行绑缚，4 条上架的主蔓等最短的主蔓长至 6 叶以上时，同一天对 4 条主蔓进行 6 叶摘心或剪梢，顶端副梢再发至 6 叶以上时，再于同一天对 4 条主蔓进行 5 ～ 6 叶摘心或剪梢；4 条主蔓长短不一时，长得快的主蔓可先摘心，长得慢的主蔓可适当晚摘心。经过两次摘心或剪梢，形成 10 ～ 12 节的主蔓作为下年的结果母枝。其上再发出的新梢 4 ～ 6 叶摘心反复进行 2 ～ 3 次，至 9 月初所有顶端副梢均摘心或剪梢进行强控，促使枝条成熟老化提高抗性。

当‘阳光玫瑰’葡萄进入深休眠后进行修剪。主蔓较粗时，剪口直径 0.8 ～ 1.0cm，主蔓较细时，剪口直径 0.7cm，不到 0.7cm 的枝蔓均剪除。直径达到 0.7cm 的副梢可保留 1 ～ 2 芽进行修剪，以增加第 2 年果穗数，提高早期产量。剪留的 4 芽主蔓作为第 2 年的结果母枝，交叉绑缚在底层 2 条拉丝上，避免下年新梢出现空档。一般日光温室栽培的葡萄若管理到位，第 2 年产量即可获得每亩 1000kg 以上。

2. 结果树整形修剪

‘阳光玫瑰’葡萄夏季修剪在芽萌发后 10 ～ 15 天开始抹芽，经过 10 天后再抹芽 1 次，将生长位置不好的芽和多余芽抹除，主要包括主梢摘心和副梢摘心。主梢摘心在叶片达到 20 片左右时进行，可以延缓新梢生长时间，保证营养物质能够有效供给花序，促进葡萄开花和结果，提高果实坐果率，坐果后延长枝不做摘心处理。副梢摘心在不影响树体整体生长结构的基础上，保留果穗 2 ～ 3 片叶摘心。为降低日灼病的发生概率，可增加果穗周围短梢的密度，做好遮阳工作。

‘阳光玫瑰’葡萄冬季修剪通常情况下在落霜后开始，以留 1 ～ 2 芽修剪为主。1 年生选留健壮、成熟度良好的枝作结果母枝，剪口下枝条粗度一般在 0.6cm 以上，不超过 1cm，并且高出芽眼 3 ～ 5cm。多年生枝缩剪时，弱枝应在剪口下留强枝；强枝应在剪口下留中庸枝。疏枝时，应从基部彻底去掉，不要留短桩；要求剪锯口平滑，不伤皮。

（三）棚架避雨“T”形整枝

黄河故道地区葡萄历史上栽培模式多采用篱臂架。该模式栽培‘阳光玫瑰’葡萄，夏季修剪量大，用工多，结果部位低，病害多，果实品质差。随着中国老龄化时代的到来，劳动力用工成本逐年增加。再加上生活水平的提高和生活方式的改变，使得人们对果品质量有了新的需求，购买方式由过去单一的市场购买，逐步向采摘方向转化。棚架避雨“T”形整枝栽培模式（图 4-32）较好地顺应了这一趋势。

图 4-32 ‘阳光玫瑰’葡萄棚架避雨“T”形整枝模式

1. 栽后当年整枝方法

‘阳光玫瑰’葡萄栽后苗木发芽后，及时抹除副芽，每个芽眼只保留1个主芽。当主芽枝条生长至20cm时，选留1个生长健壮的枝条做主干，掐除主干枝条上生长的卷须，其余枝留3～4片叶摘心。对主干上生长的夏芽同样留3～4片叶摘心。当主干生长到2m时，留1.9m摘心，促发夏芽，选两个顶端生长势强的枝东西方向各固定一个，将其培养成主蔓。主蔓上生长的卷须要及时掐除，对主蔓上萌发的夏芽留4～5片叶摘心。‘阳光玫瑰’葡萄落叶后20～30天（12月下旬至翌年1月中旬）进行冬季修剪，冬剪时对直径0.8～1.2cm的枝留2芽修剪，对直径小于0.8cm的枝在主蔓基部留1cm全部剪除。

2. 栽后第二年整枝方法

当葡萄发芽后，主干上的芽全部抹除。主蔓上的副芽抹除，每个芽眼只保留1个主芽，当枝条半木质化时掐除卷须，进行绑蔓固定，一个蔓向南，一个蔓向北，依次固定在南北铁丝上，对没有果穗的枝条留7片叶摘心，除保留摘心处第1个夏芽生长外，其余夏芽全部抹除。当摘心后顶端夏芽第4片叶长到成熟叶片1/3大小时，留4片叶再次摘心，以后生长的顶端夏芽留2～3片叶反复摘心。葡萄落叶后20～30天（12月下旬至翌年1月中旬）进行冬季修剪，冬剪时对结果母枝留2芽修剪。经过1～2年的整枝管理，'阳光玫瑰'葡萄"T"形整枝基本完成，以后整枝管理方法同第二年（图4-33）。

图4-33 '阳光玫瑰'葡萄丰产效果

（四）高光效省力化整形修剪

'阳光玫瑰'葡萄选用改进后的飞鸟形棚架，其结构由立柱、1根横梁和6条拉丝组成。采用"高宽垂""一"字形整形修剪，在水平棚架立柱顶端向下30cm处，沿葡萄植株行向拉设1道10号镀锌铁丝拉线，作为"一"字形主枝固定线，绑扎固定2根主枝。在行叶幕间，保持50cm宽的通风透光道。

具体整形修剪措施是：在'阳光玫瑰'葡萄栽植第2年，将主干上发生的新梢在萌芽时全部抹掉，从主枝先端部选择1根生长旺盛的新梢，使其沿主枝固定线向前生长，其余新梢则使其与主枝呈垂直角度向架面生长，在新梢生长到约55cm长时开始绑扎，在棚面弯曲面的副梢从基部进行摘心，在棚面以上的副梢留2～3片叶进行反复摘心，生长中庸和强健的新梢使其结果，1根新梢留1穗果，生长弱的新梢剪掉其花穗。

在'阳光玫瑰'葡萄开花前1周左右，即花序上出现4～5片叶时，在花序以上第3～4片叶处进行摘心。在主梢摘心后，枝条顶端生长受阻，叶腋副梢迅速生长，会造成架面郁闭，影响通风透光，需对副梢进行摘心，即保留新梢顶部副梢（结果枝延长梢），在其长出 4 ～ 5 片叶时，留 2 ～ 3 片叶进行反复摘心。在坐果后，结果枝延长梢无须再摘心，可引缚延长梢向下垂直生长，以改善架面透光条件。同时，为减少管理工作量，可将新梢顶部叶片以下的副梢全部抹除，也可将果穗以下叶片的副梢全部抹去，果穗对面及以上叶片的副梢则留 1 ～ 2 片叶进行摘心。

在冬季，选择木质化程度高、基部粗度为 1.0 ～ 1.9cm、芽眼饱满的枝条为结果母枝，结果母枝留 2 个芽，然后进行“牺牲芽”修剪。

（五）温室栽培不同树形整形修剪

1. 温室单行单臂龙干双向树形

温室单行单臂龙干双向树形培养 1 条主蔓，主蔓达到一定高度后摘心，以加快主蔓上副梢萌发，保留主蔓上的所有副梢，对其留 3 ～ 4 片叶反复摘心，培养结果母枝。1 年生主蔓的所有生长副梢在当年冬剪时全部剪掉。第 2 年开始，每结果枝留 2 ～ 3 个芽，吐芽后去强、留中、促弱。注意及时合理更新枝蔓，促使营养生长和生殖生长协调并进，防止结果部位上移。距地面 50cm 以内的新梢在萌芽前及时抹除。约 10 天后对长势弱、生长不正常及位置不当的新梢进行第 2 次抹芽。对新梢应在花前 3 ～ 5 天及时摘心。除营养枝顶端副梢留 3 ～ 4 片叶反复摘心外，其余副梢一律抹除。结果枝顶端副梢留 3 ～ 4 片叶反复摘心，果穗以上副梢留 1 片叶绝后摘心，果穗以下副梢全部抹除。

2. 温室多行双“十”字形架单干双臂树形

温室多行双“十”字形架单干双臂树形培养 1 条主蔓，达到第 1 道铁丝 90cm 高度，水平方向留 4 叶摘心。预留一副梢向相反方向水平绑缚，留 4 叶摘心。水平方向左右各 4 个副梢继续生长，达到第 2 道铁丝高度。距离第 1 道铁丝 40cm 左右，绑缚固定并摘心。只留顶端 1 个副梢留 1 叶反复摘心，其余副梢全部抹除，以培养结果母枝。第 2 年开始萌芽后及时抹芽定梢，合理配比营养枝条和结果枝条比例。待枝条长到 50cm 左右，结果母枝果穗以下副梢全部抹除，果穗以上留 2 叶摘心。果穗上副梢，1 叶绝后摘心，营养枝 8 ～ 10 片叶摘心，顶端留 1 个副梢，1 叶反复摘心。

3. 温室多行小扇形树形

温室多行小扇形树形培养 2 条主蔓，达到 60cm 高度摘心。主蔓基部 10cm 全部要抹除，顶端第 1 个副梢留 4 片叶反复摘心，其余副梢留 2 片叶摘心。冬季短截至第 1 道铁丝 40cm。第 2 年从主蔓顶端选留一壮枝做主蔓延长枝，同时，在延长枝与第 1 道铁丝处选留 2 个新梢培养枝组。距第 1 道铁丝 50cm 处建立第 2 道铁丝。延长枝培养参照主蔓，其余侧枝留 3 个芽短截，以培养下年结果枝组。距第 2 道铁丝 60cm 处建立第 3 道铁丝，培养方法参照延长枝。

（六）简易单栋拱棚“f”式树形及其整形过程

1. 树形结构

树形（图 4-34）包括直立主干，直立主干的上方培育 2 个沿垄的长度方向反向延伸的第 1 主蔓和第 2 主蔓，在第 1 主蔓或第 2 主蔓上靠近直立主干的位置培育垂直于所在主蔓且先向上倾斜延伸再沿垄的宽度方向水平延伸的第 3 主蔓，使第 3 主蔓与第 1 主蔓、第 2 主蔓位于不同平面，投影夹角为 90°。其中，在第 1 主蔓和第 2 主蔓两侧均间隔培育第 1 结果枝，两侧的第 1 结果枝通过拉线牵引形成“V”字形叶幕，“V”字形的夹角为 90° ～ 105°；在第 3 主蔓两侧均间隔培育第 2 结果枝，两侧的第 2 结果枝在平棚架上沿垄的长度方向反向水平延伸培育，形成水平叶幕；其中，行间相对的两株葡萄树的第 3 主蔓相向延伸培育。

2. 整形过程

（1）起垄、定植　垄底 2m，垄高 30 ～ 40cm；定植密度为行距 4m，垄的长度方向的株距为 2m。

（2）培育主干和主蔓　定植当年，萌芽后保留 1 个健壮新梢直立生长，当新梢长度达到 0.9 ～ 1.1m 时摘心，培育为直立主干，在直立主干之上 15 ～ 20cm 处，保留摘心后的顶端两个副梢分别沿垄的长度方向反向延伸

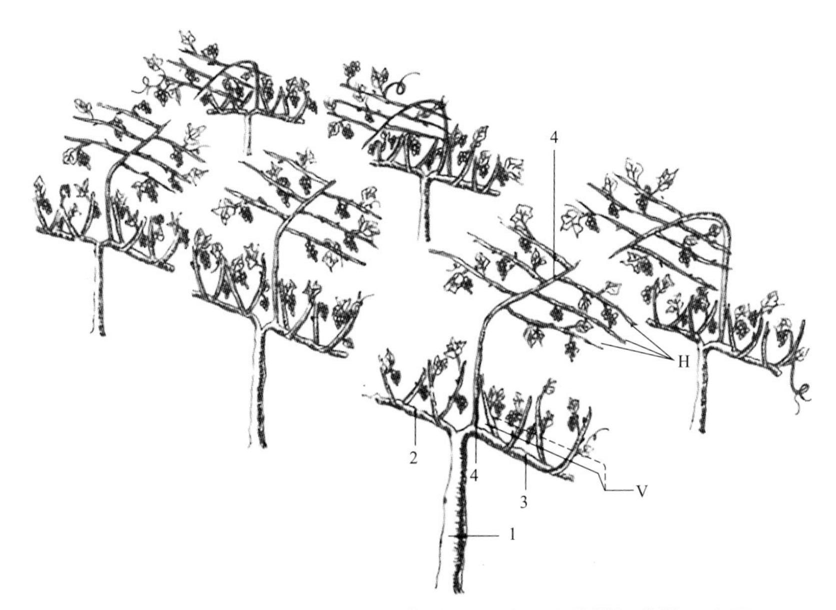

图 4-34 ‘阳光玫瑰’葡萄“f”式树形简易单栋拱棚栽培示意图

1—主干；2—第一主蔓；3—第二主蔓；4—第 3 主蔓；V—“V”形叶幕；H—水平叶幕

培育，培育成长度为 0.95 ～ 1.00m 的第 1 主蔓和第 2 主蔓，其他副梢均抹除；在第 1 主蔓或第 2 主蔓临近主干处选取一根健壮新梢作为第 3 主蔓进行倾斜培育，待该新梢达平棚架面后进行摘心，保留顶芽副梢继续水平生长。其中，倾斜部分的培育长度为 0.90 ～ 0.95m，水平部分的培育长度为 1.2 ～ 1.3m，其他副梢均抹除。相邻两株的第 1 主蔓与第 2 主蔓相接时摘心。

（3）结果母枝培育　第 1 主蔓、第 2 主蔓和第 3 主蔓上的所有新梢按照 15 ～ 20cm 的距离抹芽定梢，并进行摘心促熟处理，即顶芽留 2 ～ 3 叶反复摘心，侧芽留 1 ～ 2 叶绝后摘心，使第 1 结果枝、第 2 结果枝的长度控制在 0.95 ～ 1.00m ；冬季修剪时，枝条基部粗度达到 0.8cm 及以上，留 1 ～ 2 芽短梢修剪，作为下一年的结果母枝或预备枝，其余枝条由基部疏除，完成树形培育。

（4）注意产量控制　注意第 2 年‘阳光玫瑰’葡萄果实的负载量控制

在 750 ～ 1500kg/亩；第 3 年及以上，‘阳光玫瑰’葡萄果实的负载量控制在 1000 ～ 1500kg/亩。

（七）当年种植园主蔓水平弯缚利用副梢结果冬剪

1. 副梢径粗均 0.6cm

‘阳光玫瑰’葡萄副梢径粗均 0.6cm，可采用“2 短 +1 长”的方式冬剪。2 短即 2 条梢采用 2 芽冬剪，1 长即 1 条梢采用 5 芽或 6 芽冬剪后弯缚，增加下一年的新梢量，使下一年的花序量达到 3000 多个，能达到 1500kg 产量的挂果量。注意不宜均采用 2 芽冬剪，否则副梢间距超过 20cm 的部位形成空档，影响下一年的花量与产量。

2. 副梢径粗 0.6cm、0.5cm、0.4cm 均有

‘阳光玫瑰’葡萄一株树上副梢径粗 0.4cm 及以下的枝蔓剪去，其余枝蔓采取“2 短 +1 长”方式修剪。短即 2 芽修剪，长即 5 ～ 6 芽修剪后弯缚。注意径粗 0.4cm 及以下的枝蔓剪去后，要将旁边 6 芽冬剪枝蔓弯缚到这个部位上，否则这个部位出现空档，下一年花量和产量将会减少。副梢径粗均 0.5cm 及以上的树，可采用“2 短 +1 长”方式进行修剪。注意冬剪后不能出现超过 20cm 的空档，否则影响下一年的花量与产量。副梢径粗均 0.4cm 以下的园和树，要剪掉全部副梢，将弯缚在底层拉丝上主蔓作为结果母枝，由下一年冬芽发出新梢上花序结果。

（八）当年生园主蔓向上斜向培育园的冬剪

‘阳光玫瑰’葡萄当年生园主蔓向上斜向培育园的冬剪对于只有 1 条拉丝的园要加 1 条拉丝，成为 2 条拉丝。按每株树结果母枝条数和粗度冬剪。

1. 每株树 4 条主蔓生长均达到一定粗度

主蔓径粗 1cm 以下的树，先按径粗 0.6cm 剪掉上部梢，4 条主蔓均反向弯缚（图 4-35），相邻 2 株树弯缚好新梢后，中间留 10cm 空档剪去前部梢。

主蔓径粗 1cm 以下与 1cm 以上的混合树，先按径粗 0.6cm 剪掉上部梢，

图 4-35 ‘阳光玫瑰’葡萄冬剪反向弯缚

4 条主蔓均反向弯缚。将下部梢径粗超过 1cm 以上的梢加大弯缚弧度，将超过 1cm 部位弯到底层拉丝上，下一年不挂果。安排在拉丝部位的结果母枝径粗均在 1cm 以下，下一年发出的冬芽多数有花序。

2. 一株树 4 条、3 条、2 条、1 条主蔓均有，或有其中二类、三类梢

各条主蔓先按径粗 0.6cm 修剪。将主蔓径粗 1cm 以下的梢均反向弯缚在底层拉丝上，架面上要均匀安排，尽量减少空档。将下部径粗超过 1cm 以上的枝蔓，加大弯缚弧度（图 4-36），使主蔓超过 1cm 部位弯到底层拉丝下，下一年不挂果，径粗 1cm 以下的中、上部梢弯缚在底层拉丝上，作为结果母枝。全株新梢径粗均不到 0.5cm 的树，离地面 50cm 处修剪，下一年再培育主蔓。

图 4-36 ‘阳光玫瑰’葡萄枝蔓径粗超过 1cm，加大弯缚弧度

（九）促使萌芽整齐技术

1. 浇好催芽水

‘阳光玫瑰’葡萄萌芽前浇催芽水。要求灌足，土壤湿度均匀达到 70% 以上。

2. 喷好单氰胺

‘阳光玫瑰’葡萄萌芽前 20 天，均匀喷施 50% 的单氰胺 20 倍液，所有的芽眼和主蔓均匀喷布到。喷完后隔 1 天，每个芽再涂 1 次 50% 的单氰胺 20 倍液。

3. 施好催芽肥

在土壤温度≥ 10℃时，每亩施海藻酸 1kg+ 高氮水溶复合肥 3kg，以促使更快地生根，让树液更快地流动，可以让葡萄萌芽整齐。

（十）结果树夏季修剪技术

1. 抹芽

‘阳光玫瑰’葡萄抹芽（图 4-37）从茸球后期到 2 ～ 3 叶期进行 2 次以上抹芽。重点抹除双芽和多芽的多余芽，基部或剪口处没有利用价值萌发的隐芽；合理抹除过强或过弱的幼芽。注意：为保险起见，第 1 次抹芽应预留 30% 左右的幼芽；第 2 次抹芽根据花序数量和质量，预留 10% 左右。

图 4-37 ‘阳光玫瑰’葡萄抹芽

2. 定枝、定梢

‘阳光玫瑰’葡萄当新梢长到 4 ～ 8 片叶时，进行定枝，定枝距离一般在 18 ～ 22cm。由于‘阳光玫瑰’葡萄容易发生脱梢（指新梢长到 20cm 以上时，刮稍大一些的风，部分新梢就会自行脱落的现象），可推迟 1 周左右进行定枝。对于新梢较多的园，结果母枝下部发出的梢可抹除，两边发出的梢可抹除一部分没有花序的梢，按计划定梢量及时缚梢、定梢。对于新梢偏少的园，所有的梢先留下，能缚梢的新梢先缚梢，不能缚梢的新梢待坐好果后缚梢，按计划定梢量缚梢、定梢。

3. 摘心

对树势偏弱树，采用“6+5+4”摘心。枝条长势不够壮，叶片不够大，可以适当早摘心，以促进叶片快速增大、增厚，花序以上留 1 ～ 2 片叶摘心（从基部算 2 片叶左右摘心）。隔 3 天后，花序以下副梢全部抹除。花序对面及以上留 2 片叶绝后摘心。顶端副梢留 5 片叶摘心（二次摘心）。再隔 3 天，顶梢下边副梢留 1 片叶绝后摘心。顶端副梢长到 4 片叶后进行第 3 次摘心。间隔 3 天，顶端下边副梢留 1 片叶绝后摘心。往后再发出的顶端副梢留 1 片叶反复摘心。

对树势健壮偏旺树，采用“9+6”摘心。此类树可适当推迟摘心时间，见信使花到满花 1 周左右，留 9 片叶摘心，摘心程度以留下叶片如鸭蛋大小，花序以下副梢全部抹除，花序对面和花序以上副梢留 1 ～ 3 片叶进行绝后摘心，但延长头除外。注意：对先摘心后整理的，间隔 3 ～ 5 天。之后再发出的顶端副梢留 6 片叶进行二次摘心。隔 3 天，顶端下边副梢留 1 片叶绝后摘心。往后再发出的顶端副梢留 1 片叶反复摘心。如叶片比较大，肥厚有光泽，除花序对面副梢外，其余副梢可不留或少留。保果后，夏芽副梢应及时反复摘心处理，以保证有限的光和营养，及时供应幼果膨大。

4. 副梢处理

对行距 3m 能达到 15 片叶，不留副梢省工栽培。在开花前分批抹除花序以下副梢，开花坐果期和坐果后分批抹除花序以上副梢。注意：第 1 次剪梢后 5 天不能处理副梢，否则会逼上部冬芽萌发。

对行距 2.5m，12 片左右的叶留副梢栽培，开花前分批抹除花序以上副梢。花序以上副梢留 1 叶绝后摘心，增加叶片数。具体方法是：留 1 叶摘心，同时除去冬芽，使不再发出新梢。如果冬芽不抹除会发出新梢，增加抹梢用工量。

5. 6 叶剪梢 +4 叶剪梢 +5 叶摘心

第 1 次 6 叶剪梢（摘心）分两类园。第一类园是萌芽较整齐，新梢生长较整齐的园。该类园可一次性剪梢（摘心）。多数新梢长至 7 叶左右，约在开始开花前 15 天，于 6 叶节位一次性水平剪梢。不能等到多数新梢长至 8 叶以上再在 6 叶节位处剪梢。第二类园是萌芽不整齐，新梢生长不整齐的园。在长得较快的新梢长至 6 ～ 7 叶即摘心，使这批新梢减缓生长，促使长得慢的新梢长上来，长至 6 ～ 7 叶摘心。第 1 次 6 叶左右剪梢（摘心），有利新梢基部、中部冬芽花芽分化，是促花芽分化的关键技术，能年年稳产，冬季对 2 芽修剪，稳定花量。通常可先缚好梢再及时剪梢。萌芽较整齐，新梢生长较一致的园，劳动力能及时缚梢，可在缚好多数新梢及时剪梢，也可先剪梢后缚梢。多数新梢已长至 7 叶，到了剪梢期可先剪梢，过 5 ～ 7 天及时缚梢，最晚在开始开花前缚好梢。

第 2 次剪梢、缚梢在第 1 次剪梢后 20 天左右，在“6 叶 +4 叶”进行第 2 次剪梢、缚梢。注意：该次剪梢已进入开花保果期，适时剪好梢，有利于保好果。对于已开始保果的园，如尚未剪梢必须安排劳动力突击剪梢，尤其是长势较旺的园。

第 3 次摘心、缚梢在第 2 次剪梢后 20 天左右，按“6 叶 +4 叶 +5 叶”进行第 3 批分批摘心。

第三节 ‘阳光玫瑰’葡萄花果管理关键技术

一、疏花

为提升‘阳光玫瑰’葡萄果品质量，通常在花序发育至 5 ～ 8cm 时，根据植株生长势和单株花序分布情况，合理调控负载量（根据年度负载量，计算出单株应该预留的果穗数量），进行疏花。

1. 疏花原则

‘阳光玫瑰’葡萄生长势较强旺的结果枝留 2 个花序，中庸枝留 1 个花序，细弱枝及延长枝不留花序。

2. 疏花要求

适合黄河故道地区‘阳光玫瑰’葡萄的合理产量负载量为 18.75 ～ 22.50t/hm^2，按果穗质量为 700g 左右、行距为 3m 计算，每 1m 架面留花序 8 ～ 10 个。

二、花序整形技术

1. 作用

‘阳光玫瑰’葡萄花序整形作用：一是促进开花整齐，二是调整穗形，三是调控产量。

2. 时间

‘阳光玫瑰’葡萄花序整形时间一般在信使花开放，即副穗完全散开、花序完全分离时进行。一般在开花前 7 ～ 10 天至初花期。修整时间不同，保留穗尖长度也不相同，越早进行，则保留穗尖越短。

3. 技术要点

‘阳光玫瑰’葡萄花序整形时留穗尖长度越大，成熟期果穗越长，果实成熟期越晚。因此，建议‘阳光玫瑰’葡萄在见花前 2 ～ 3 天保留穗尖 5 ～ 6cm，其余支穗全部去除，有利于穗尖开花一致，方便无核化处理。另外，可在花穗上部留 1 个小副穗作为标记，无核化处理后再将其疏除。如果花序有多个穗尖，保留 1 个生长方向比较顺的穗尖，其余穗尖疏除。

（1）简易疏花方法　花前疏花，保留穗尖 16 ～ 18 个枝梗，即 8 层或 9 层花。

（2）捋花穗法　捋花穗法（图 4-38）可快速完成花序整形，一穗修整时间仅需 2 ～ 5s。该方法通常在见花前 3 ～ 4 天至始花期（萌芽后约 35 天）进行，此时，‘阳光玫瑰’葡萄花穗的分枝梗变脆，极易捋掉。过早捋花序容易扯皮，过晚花序木质化变硬，不容易捋掉。捋花穗法操作方法：根据自己手指关节长度，伸手定穗长，保留穗尖向上捋花序。

图 4-38　‘阳光玫瑰’葡萄捋穗

三、花前花后保果技术

1. 花前遭遇不良天气处理

‘阳光玫瑰’葡萄花前遭遇不良天气，零星见到信使花时，用 1mg/L 氯吡脲（1mL 氯吡脲 +50mL 水），喷花序，可有效提高坐果率。或者在葡萄花不脱帽时，叶面喷流体硼也可。

2. 花前一般处理

在开花前 7 ～ 10 天，见到信使花时，先用吊喷结合滴灌滴水 30min 以上，保证湿度。然后 15kg 水兑 0.1% 氯吡脲可溶液剂 15mL+ 医用链霉素 100 万单位 3 支 + 海藻精 30mL 配处理剂。配处理剂时，用水 15kg+ 海藻精 10mL+40% 嘧霉胺悬乳剂 10mL，还可减少处理剂的副作用，预防灰霉病。配好后，将花序穗蘸 3s 抖净，及时放大水并施肥。保果后及早重打单层。

3. 花后保果

‘阳光玫瑰’葡萄花后保果处理时间在满花后 2 ～ 5 天。在处理前，与前面一样，用吊喷结合滴灌滴水 30min 以上，保证湿度。然后用 15kg 水兑 0.750 ～ 1.125 包或 30kg 水兑 1.50 ～ 2.25 包 20% 赤霉酸（美国奇宝）+ 0.1% 氯吡脲 60mL+0.1% 噻苯隆 30mL+ 海藻精 30mL+ 咯菌腈 20mL；同样，蘸穗处理 3s 后抖净，及时浇大水并施肥。如花期不一致，应分批处理并做好标记。

四、疏花疏果技术

1. 简易疏花疏果方法

开花前疏除部分多余花序，生长势较强旺的结果枝每枝留 2 个花序，中庸枝每枝留 2 个花序，弱枝不留花序。开花前 7 ～ 10 天，将果穗基部几个较长分生小穗去掉，并将所留基部支穗回剪 2 ～ 3cm，在始花期将果穗顶尖部分掐掉花穗长度 1 ～ 2cm。保留穗尖 15 ～ 18 个枝梗，即 7 层或 8 层花。为保证良好穗形，在保果后 5 天左右，能分清果粒大小开始疏果：上部明显分层的大枝梗，留单层果，每个枝梗留 5 ～ 6 粒果，朝上果粒保留；中下部枝梗，剪除朝上和朝下的果粒，留下平行的 3 ～ 4 粒，修出层次感，穗轴 15 ～ 18cm，总果粒数 60 粒左右。

2. 保果后的三次疏果技术

‘阳光玫瑰’葡萄坐果后，先将果穗上部的支穗疏成单层果，再进行精细疏果，依次去除病虫果粒、畸形果粒、无核果粒和着生紧密的内膛果粒。疏果后，果穗上果粒分布均匀、松紧适度，果穗大小基本一致，建议每串果穗留果 50 ～ 70 粒，以保证成熟期单穗质量 600 ～ 800g。注意如果坐果后不及时将果穗上部支穗疏成单层果，支穗将会远离主穗轴向外生长，造成果穗松散、不紧凑，影响果穗美观。

（1）第 1 次疏果　定穗长，留单层果。保果处理后 5 天左右，果粒已明显长大、能分清大小、生理落果结束、果粒坐稳后，根据目标穗重留穗尖 9 ～ 12cm，先将上部过长的分枝剪掉，然后将基部有明显分层的支穗剪留成单层果粒。对于有分叉的穗尖，可以剪掉 1 个，保留 1 个长势比较顺畅的穗尖，也可以都剪掉，使果穗呈柱状。

（2）第 2 次疏果　保果 1 周后，果粒大小似黄豆粒时进行。首先剪去畸形果、小粒果和个别突出的大粒果，最顶端可保留部分朝上果粒，末端保留穗尖，以达到封穗效果，其余中部小穗去除向上、向下、向内生长的果粒。整个果穗从上到下，采用“5-4-3-2-1”的原则，即最上层 2 ～ 3 个小穗保留 5 粒果，再往下 4 个小穗保留 4 粒果，再往下 5 ～ 6 个小穗保留 3 粒果，最下端着生 1 ～ 2 粒果的小穗不修剪。疏果后，整个果穗呈中空的圆柱体。留果量不同的果穗，每个支穗上的留果量也不同，最终使整个果穗上的果粒分布均匀、松紧适度。对于不同留果量的果穗，建议每个支穗上的留果量见图 4-39。

（3）第 3 次疏果　套袋前进行，主要去除僵果及凸出的果粒，确定标准穗形。

五、无核化与膨大处理技术

1. 无核化处理技术

‘阳光玫瑰’葡萄无核化处理（图 4-40）可在一束花开完后 1 ～ 3 天内处理，分批处理并标记。无核化处理分两种配方，果粒 12g 配方：水 10kg+20% 赤霉酸（美国奇宝）1g，或水 10kg+0.1% 氯吡脲 30mL，成熟更早，香味更浓，果粒偏椭圆形。果粒 15g 配方：水 10kg+50mL［氯吡

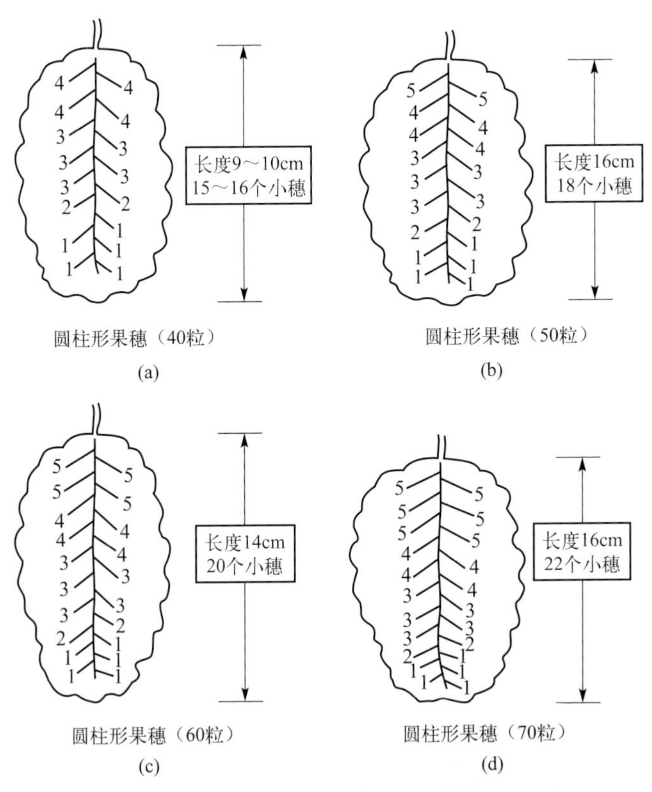

图 4-39 ‘阳光玫瑰’葡萄果穗果粒分布

图 4-40 ‘阳光玫瑰’葡萄无核化处理

脲：噻苯隆（3：2）]，氯吡脲不超过 35mL，否则易产生副作用，噻苯隆处理的果粒成熟偏晚，果实偏圆形。或用 20 ～ 25mg/L 赤霉酸 +2 ～ 3mg/L 氯吡脲（3 ～ 5mg/L 噻苯隆）进行无核化处理。采用这些调节剂处理注意土壤要潮湿，注意进行滴水，要避开中午 38 ～ 40℃高温；调节剂要进行二次稀释，不混用药剂。注意是浸花穗，不是喷花穗，清晨及阴雨天花穗上有水不能使用，待干燥后方可使用。

2. 膨大处理

‘阳光玫瑰’葡萄膨大处理（图 4-41）时间在信使花开后第 27 天左右，就是在最后 1 次无核化处理的 2 周后。配方同无核化处理，或用 25 ～ 50mg/L 赤霉酸 +2 ～ 5mg/L 氯吡脲（3 ～ 5mg/L 噻苯隆）处理，促进果粒膨大。要求处理时确保土壤潮湿。在处理前两天，滴水至透，并加入肥料。处理当天再滴水，处理后进行大水漫灌。注意要浸果穗，不要喷果穗。在温度超过 30℃及以上不能使用，清晨及阴雨天花穗有水时不能使用，在花穗干燥后方可使用。同时，注意不要使用 2 次。

图 4-41 ‘阳光玫瑰’葡萄膨大处理

六、果实套袋技术

1. 套袋优点

‘阳光玫瑰’葡萄套袋（图4-42），可减少鸟类危害和病虫害，减少农药使用量和环境污染，延迟采收，果粉少，外观亮丽，日灼轻，提高果实商品性。

图4-42 ‘阳光玫瑰’葡萄套袋

2. 套袋时间

‘阳光玫瑰’葡萄要适当晚套袋，一般在花后30～40天，果粒底部完全软化后，果粒直径达到0.3～0.5cm时进行。套袋选择晴天8:00～10:00或16:00以后为宜，切忌雨后高温立即进行。北方地区一般在6月25日以后。

3. 纸袋选择与使用

‘阳光玫瑰’葡萄一般选择绿色或蓝色纸袋，白色果袋也可用。要求果袋透光率要好，有利于果粒膨大，提高品质。除破损果袋和发病葡萄的果袋不能重复使用外，完好的果袋可连续使用 2 ～ 3 年。果袋不必消毒，可保存好下一年继续用。

4. 套袋前果穗处理

‘阳光玫瑰’葡萄果穗套袋前按照前面疏果要求再次整理果穗。套袋前喷 1 次 25% 嘧菌酯可湿性粉剂 3000 倍液 + 10% 苯醚甲环唑可湿性粉剂 4000 倍液 + 5% 甲氨基阿维菌素苯甲酸盐可湿性粉剂 10000 倍液，药液干后及时选择专用纸袋套袋。

5. 套袋技术要点

‘阳光玫瑰’葡萄套袋前将选择好的袋子用手撑开，由下往上将整个果穗全部装入袋内，果穗悬在套袋中间，顶部果粒不碰袋子，底部也不碰袋子，以减少袋子和果粒之间的摩擦，避免果锈发生。将袋口收缩到穗柄上，进行密封。袋口扎紧不扎死，扎得过紧会影响果梗输送营养，能封好袋子即可。具体套好袋情况见图 4-43。

图 4-43 ‘阳光玫瑰’葡萄套好袋

6. 套袋后喷药供肥

‘阳光玫瑰’葡萄套袋后喷施10%吡虫啉可湿性粉剂800～1200倍液、10%苯醚甲环唑可湿性粉剂800～1200倍液和5%甲氨基阿维菌素苯甲酸盐可湿性粉剂8000～10000倍液，并配合0.2%～0.5%磷酸二氢钾和微量元素硼和钙的喷施，隔10～15天用药1次，可促进果实着色，提高其品质。

7. 除袋时期

‘阳光玫瑰’葡萄采摘上市前7天左右除袋，或带袋上市。

8. 套袋注意事项

（1）根据实际情况扎袋子开口　‘阳光玫瑰’葡萄果粒能接触到雨水的遮雨棚最好袋子开口扎结实，同时，袋子外面留一节引流袋，避免雨水进袋引发病害。拱棚或者防雨效果好的遮雨棚袋子上口可以不扎结实，甚至敞开一块，使得上下通透。

（2）套袋时露果柄　套袋时，不要把整个果穗连同果柄一起装到袋子里，要根据果柄长短，露出3～5cm，以便于太阳照晒，增加那一段果柄的木质性，促进‘阳光玫瑰’葡萄生长。

（3）套袋注意问题　‘阳光玫瑰’葡萄套袋要避开高温时段或雨后暴晴的天气，注意不要用手去触摸果穗，应该轻轻抖动果袋，把果穗慢慢装进果袋里。

（4）套袋后施肥打药注意问题　‘阳光玫瑰’葡萄套袋后要做好施肥打药工作。可选用含氮少的高钾肥，如磷酸二氢钾和硫酸钾；叶面肥选用磷酸二氢钾喷施；用药上选择内吸性比较好的药剂，如苯甲·嘧菌酯、戊唑醇、肟菌酯等。

七、‘阳光玫瑰’葡萄精品果生产关键技术

（一）精品果质量标准

1. 好看标准

‘阳光玫瑰’葡萄精品果（图4-44）果穗圆柱形，周边整齐一层果，

图 4-44 ‘阳光玫瑰’葡萄精品果

成熟果穗长 18 ～ 20cm，宽 10 ～ 11cm，重 800 ～ 900g，不超过 1000g。紧密度适中，较紧而不挤，大小均匀。果粒椭圆形，均重 14 ～ 16g，大小均匀，无僵果。果皮绿黄色或黄绿色，有光泽。无病虫果、无虫害果、无烂果、无果锈。

2. 好吃、好卖、好价标准

‘阳光玫瑰’葡萄精品果果粒可溶性固形物含量不低于 18%，口感好，有香味。精品‘阳光玫瑰’葡萄好卖，是卖方市场。在当前情况下，其售价一般不低于 36 元 /kg。

（二）精品果产量要求

‘阳光玫瑰’葡萄精品果产量要求为 1500kg/亩，最高不超过 1750kg/亩。推荐定穗量按行距 2.5 ～ 3.0m，每米定穗 7 串（指两边），共达 1700 串 /亩，产量预计可达 1500kg/亩。

（三）定穗、花穗精管“3+2+2+3”模式

1. 3 次定穗

（1）第 1 次定穗宜早不宜迟　‘阳光玫瑰’葡萄开始开花第 20 天左右已坐好果即应定穗。每米定穗 9 串，每亩 2200 串左右，最多定穗 10 串/m，2450 串/亩。剪去坐果不好、形状不好的果穗，1 蔓 2 串果穗剪去 1 串。如果果穗较多，剪去迟开花的果穗；果穗偏少的园，每米果穗不到 8 串，果穗全部留下，以确保一定的产量。

（2）第 2 次定穗要及时　‘阳光玫瑰’葡萄果实膨大剂处理后即应进行第 2 次定穗。分三种园：第一种园是第 1 次定穗时较严格，按每米定穗 9 串，此次每米剪掉 1 串长得不好的果穗（图 4-45），留 8 串。第二种园是第 1 次定穗时每米定穗 10 串及以上的园，此次每米按 8 串定穗，剪掉长得不好的多余果穗。第三种园是第 1 次没有定穗，此次按 8 串定穗，剪掉长得不好的多余果穗。花序少，每米不到 8 串的园，保留全部果穗。

图 4-45　‘阳光玫瑰’葡萄长得不好的果穗

（3）第 3 次定穗要认真　‘阳光玫瑰’葡萄果实第 1 膨大期的后期，约在开始开花 50 天，每米定穗（图 4-46）8 串的园，还可剪掉少数长得不好的果穗，每米留 7 串；如果果穗长得都很好，就可不剪掉果穗。该次定穗，果实已较大，长得不好的果穗要及时剪去，提高全园精品果率。

(a) (b)

图 4-46 ‘阳光玫瑰’葡萄定穗

2. 重整花序 2 次

（1）重整花序时期、程度　重整花序在全园开始开花就进行，不宜提早整花序。同期开花的园要求 5 天内整好。重整花序程度是不管花序多大，按留尖部 5cm 整花序（图 4-47），将上部的花序分枝全部整掉。具体应用时，要根据当地天气情况，确定适宜的整花序留尖部长度。

图 4-47　5cm 整花序

（2）快速整花序方法　‘阳光玫瑰’葡萄快速整花序（图 4-48）方法是在手指的食指 5cm 处画条线，将花序尖部放到画线处，从食指尖部处的花序往上轻轻捋，捋掉上部的花序分枝，或从上部往下轻捋，捋到食指尖部，离花序尖5cm处。从下往上轻轻捋，少数花序轴被捋去部分皮，对其影响不大。注意不要用剪刀剪花序，太慢。快速整花序一天可整好2～3亩的花序。注意：花序尖部不能剪掉，如剪去花序尖部，果穗变形（变胖），影响外观品质。

图4-48 ‘阳光玫瑰’葡萄快速整花序

（3）畸形花序整花 ‘阳光玫瑰’葡萄有两种畸形花序：一种是尖部分叉的花序，整理时剪掉一个分杈，不宜将2个分杈都剪掉。另一种是尖部花蕾很密集的花序，如果全园花序较多，将这种花序剪掉；如果全园花序不够，将这种花序密集部位剪掉。

（4）第二遍整花序 ‘阳光玫瑰’葡萄花序第一遍整好后，紧接着对全部已整过的花序认真检查一遍。对长超过5cm的花序剪掉超出部分，使全园都达标准。

（5）花序不够的园 ‘阳光玫瑰’葡萄花序不够的园，可选择部分大花序，将花序上部的小穗花序同按5cm整花序，不能放长追求大穗。

3. 果穗整边、整长各1次

（1）整边 ‘阳光玫瑰’葡萄坐好果，第1次定好穗后，即开花20～22天进行整边（图4-49）。如果与疏果一同进行，则可在开花22～24天进行整边。每个花穗分枝只留一层花蕾，多余的均剪掉，成熟果穗呈圆柱形。

图 4-49 ‘阳光玫瑰’葡萄整边

注意上部的分枝不能留 2 层花蕾，否则果穗不是圆柱形，变成圆锥形，无法形成精品果穗。

（2）整长 ‘阳光玫瑰’葡萄疏果前按 14cm 整长度（图 4-50）。多数果穗剪去下部过长部分，少数剪去上部形状不好的果穗，使全园成熟果穗长度基本一致。

图 4-50 ‘阳光玫瑰’葡萄整长

4. 疏果 3 次

（1）第 1 次疏果 ‘阳光玫瑰’葡萄第 1 次疏果（图 4-51）是在果粒大小分明时，约在开始开花第 24 天即开始疏果。每穗留 65 粒左右，从上至下按 5、4、3、2 的顺序疏果。疏去过密、较小的果粒和朝里长的果粒，疏果后的果穗着粒较均匀。

（2）第 2 次疏果 ‘阳光玫瑰’葡萄第 2 次疏果（图 4-52）是在第 1 次疏果后 10 天左右，即开始开花 35 天左右，果实还处在较快膨大期，果穗还较松，将过密的果粒疏掉，特别要疏掉长在果穗里边的果粒，只留一层果粒，每穗留 60 粒左右。

图 4-51 ‘阳光玫瑰’葡萄第 1 次疏果

图 4-52 ‘阳光玫瑰’葡萄第 2 次疏果

（3）第 3 次疏果 ‘阳光玫瑰’葡萄第 3 次疏果（图 4-53）是在果实第 1 膨大期的后期，即开始开花 50 天左右，将果穗全面检查一遍，对部分果穗已较紧、像玉米棒一样的，必须疏掉过紧部位 1 ～ 2 粒果，直到小穗能松动为止。

图 4-53 ‘阳光玫瑰’葡萄第 3 次疏果

（四）增大果粒主要措施

1. 科学栽培和管理

‘阳光玫瑰’葡萄树要旺，叶片要大，根系要好，叶片光合产物多，根系吸收养分、水分较多，能满足果实膨大对养分、水分需要。叶片大小关键在 6 叶期前，此期叶片大不起来，以后很难变大。

2. 适产、中穗栽培

将‘阳光玫瑰’葡萄目标产量定在 1500kg/亩，果穗均重 850g 左右。

3. 适时使用果实膨大剂

‘阳光玫瑰’葡萄果实膨大剂最早使用期为开始开花第 25 天。

4. 肥水促蔓叶生长、促果实膨大

‘阳光玫瑰’葡萄增施有机肥，用好基肥、催芽肥、壮蔓肥、4 次果实第 1 膨大肥、2 次果实第 2 膨大肥，供好水，满足树体生长和果实膨大对肥水的需求。注意：果实膨大期不宜全部施用水溶肥。

5. 蔓叶数字化管理

‘阳光玫瑰’葡萄叶片数到12片（行距2.5m）或15片（行距3.0m）顶端发出新梢7～10天及时摘除，减少树体营养消耗，促使果实膨大。

6. 保养好中、后期叶片

‘阳光玫瑰’葡萄上市前要保持叶片健旺。不能出现青枯焦叶、叶片黄化、叶片早落现象。调节设施内温湿度，叶片喷施杀菌、杀虫剂和磷酸二氢钾，保护叶片，延长叶片功能期。

第四节 ‘阳光玫瑰’葡萄设施内栽培环境调控关键技术

一、温度调控

设施内温度特点是：晴天白天温度较高，昼夜温差较大，阴天昼夜温差较小；设施内中部温度较高，靠近棚边温度较低；空气温度上升较快，地温上升慢。设施内升温主要是增加日照时数，提高室内温度，通过加盖不透明覆盖材料为设施保温，通过通风换气为设施降温。

1. 休眠期

‘阳光玫瑰’葡萄休眠期是从落叶后开始到次年萌芽为止。一般在11月上、中旬，在温室屋面覆盖塑料薄膜后再盖草苫，使室内不见光，使温度保持在−10℃以上，7.2℃以下，这样既能满足休眠期的低温需求量，又使葡萄不致遭受冻害。为使葡萄提早萌芽，可在12月中、下旬用10%～20%的石灰氮液涂抹结果母枝的冬芽，迫使植株解除休眠，加温后即可提前萌芽。

2. 揭帘升温催芽期

‘阳光玫瑰’葡萄日光温室一般在1月上旬～2月上旬葡萄休眠期结束时开始揭帘升温较适宜；北方塑料大棚一般在外界日平均温度稳定

在 −2 ～ 4℃开始覆膜升温；南方塑料大棚及避雨棚在花前覆膜。日光温室的升温主要通过揭盖草苫等覆盖物控制。一般日出后 0.5h 揭帘，日出前 1h 左右设施内温度降到 20℃时盖帘，阴雪天不揭帘。在开始升温的前 10 天左右，应使室温缓慢上升，白天室温由 10℃逐渐上升到 15 ～ 20℃，夜间保持在 10 ～ 15℃，最低不低于 5℃，并保证低于 7.2℃以下的时间不超过 20h，地温上升到 10℃，升温后 20 天左右的催芽温度，白天由 15 ～ 20℃逐渐上升到 25 ～ 28℃，夜间保持在 15 ～ 20℃，地温稳定在 20℃左右。

3. 萌芽期到开花期

‘阳光玫瑰’葡萄从萌芽到开花前新梢生长速度较快，花序器官继续分化。在正常室温条件下，从萌芽到开花需要 40 天左右。萌芽期温度白天室温控制在 20 ～ 28℃，夜间保持 15 ～ 18℃，最低不能低于 10℃。开花期白天室温保持在 20 ～ 25℃，达到 27℃时应通风降温，最高不超过 28℃，夜间保持在 16 ～ 18℃。此期温度管理的重点是保持夜间的温度，控制白天的温度，防止白天温度过高。晴天白天注意通风降温，使温度低于 28℃；阴天在能保证在适宜温度范围情况下，尽量进行放风降湿，防止植株徒长。

4. 果实膨大期

‘阳光玫瑰’葡萄果实膨大期营养生长与生殖生长同时进行。白天温度控制在 25 ～ 28℃，夜间保持在 16 ～ 20℃，最低不能低于 10℃。当外界气温稳定在 20℃左右时，温室、大棚的通风口晚上不用关闭，并将避雨棚下部围裙去掉或将围裙全部去掉。

5. 果实着色成熟期

‘阳光玫瑰’葡萄果实着色成熟期为了促进果实糖分积累，浆果着色，应人为加大设施内的昼夜温差。白天温度控制在 28 ～ 30℃，最高不要超过 32℃，夜间加大通风量，使夜间室温维持在 15℃左右，昼夜温差达到 10 ～ 15℃。该期温度管理重点是防止白天温度过高，尽量降低夜间温度，增大昼夜温差，促进果实着色，提高含糖量。

二、光照调控

1. 设施内光照特点

‘阳光玫瑰’葡萄日光温室栽培多在冬、春季进行，此时室外光照弱，日照时间短，设施内光照分布南强北弱。由于东西山墙的早晚遮阳，东西两侧光照弱、光照时间短于中部；垂直方向自上而下光照强度依次递减。

2. 光照调控方法

选用透光效果好的无滴多功能优质薄膜，并经常清扫和冲洗表面，增加透光度；选用牢固的骨架，减少骨架及支柱等的遮阳作用；铺设反光膜及后墙涂白，改善光的分布。掌握揭盖草苫时间，应做到早揭、晚盖，尽量延长葡萄植株的光照时间。原则上以揭开草苫后室内温度短时间下降1～2℃，随后温度即回升比较合适。保持良好的葡萄群体结构和适宜的枝叶密度，还可增设生物钠灯等光源进行补光。

三、湿度调控

1. 设施内湿度特点

由于设施内基本处于封闭状态，日光温室内湿度受天气状况、温度、通风和土壤灌水等因素影响，一般晴天室内空气的相对湿度为60%～80%，夜间达到90%以上；而阴天的白天日光温室内空气相对湿度达80%以上，夜间则能达到饱和状态。白天温度高时，适当通风，空气的相对湿度降低；夜间随着温度下降，相对湿度增高，棚面和植物叶面会有凝结的水滴。

2. 调控要求

设施内空气相对湿度的调控，要根据‘阳光玫瑰’葡萄不同的生长发育阶段来进行。在催芽期，要小水勤灌，使日光温室内空气相对湿度控制在85%左右，以防止芽眼枯死；开花期日光温室内空气相对湿度应控制在65%左右，有利于开花和授粉受精，提高坐果率；果实膨大期至浆果着色期空气相对湿度控制在55%左右，以提高浆果可溶性固形物含量和耐贮性。如日光温室内湿度不足，用地面灌水、室内喷雾等方法增加湿度，以保证‘阳光玫瑰’葡萄生长发育需要。设施内湿度过高，覆盖地膜或覆草，这样既能控制水分蒸发，又能提高地温；应减少直接灌水，采用膜下灌水，最好采用滴灌技术；还可通过通风的方法，排出水蒸气，降低室内空气湿度。

四、气体调控

1. 二氧化碳（CO_2）

（1）设施内二氧化碳变化特点　设施内 CO_2 浓度与露地相比有很大变化。夜间由于‘阳光玫瑰’葡萄植株的呼吸作用及土壤有机质分解，设施内 CO_2 不断增加，在每天上午 6 ～ 8 时，揭帘前设施内 CO_2 气体浓度最高，可达 700mg/kg 左右；揭帘后设施中的 CO_2 浓度迅速下降，一般可降到200mg/kg左右，影响葡萄的光合作用。因此，设施内 CO_2 调控是‘阳光玫瑰’葡萄设施栽培的一项关键技术。

（2）调控方法　增加设施内 CO_2 浓度的方法：一是通风换气，使设施内气体与外界气体进行交换，CO_2 浓度恢复到与外界 CO_2 浓度相同的水平；二是增施有机肥料；三是人工增加设施内的 CO_2 浓度，如在设施内燃烧有机物、利用 CO_2 发生器释放 CO_2 或利用市场销售的高压罐装、片状、颗粒状以及粉状的 CO_2 等，直接释放 CO_2 气体进行设施生产等。

2. 有害气体及其调控

（1）有害气体类型　设施内的有害气体主要有氮气、亚硝酸气体、氯气、二氧化硫、一氧化碳等，这些气体积累到一定的浓度将对‘阳光玫瑰’葡萄植株造成危害。

（2）调控措施　一是科学施肥，少施化肥，尤其要少施尿素；施用时要少量多次；施用有机肥要经过充分发酵腐熟。二是注意通风换气。通过通风换气排除设施内的有害气体。三是选用质量较好的薄膜，防止有害气体的挥发。四是在日光温室内加温时，保证加温设备通畅、不漏气，燃料充分燃烧。五是科学施用农药、化肥，不要随意加大使用浓度和数量。

第五章

‘阳光玫瑰’葡萄病虫害绿色防控关键技术

第一节 ‘阳光玫瑰’葡萄常见病害防治

‘阳光玫瑰’葡萄主要病害有霜霉病、灰霉病、炭疽病、黑痘病、白腐病、白粉病和病毒病等。

一、霜霉病

霜霉病又名褐霉病，是一种常见葡萄病害，主要危害葡萄叶片背面、正面、花序、果穗。其发病部位是叶片、花、果实、新梢等。

1. 发病症状

葡萄霜霉病（图 5-1）发病部位出现白色霜霉层，有黄色、褐色和深褐色斑点，而且这些斑点能逐渐扩大，最后变得非常明显。叶上的多角形病斑、病部白色的霜状霉层、后期的失水焦枯或干缩是其识别关键点。

2. 发病条件

环境条件冷凉潮湿，多雨、多露水、多雾有利于发病。外界气温 18 ～ 24℃，空气相对湿度大于 85%，传播和蔓延速度极快。郑州地区过去发病集中在 7 月份。近几年发病时间越来越早，需要提前进行防治。

3. 防治方法

（1）农业防治　改善灌溉系统，采用滴灌和吊喷设备灌水的方式，定期进行中耕和除草，采取避雨栽培，铺设地膜。

（2）物理机械防治　在生长季或休眠期间，彻底清除枯枝、落叶、病枝条和病果，集中深埋或焚烧，以减少病菌传播。

（3）药剂防治　在生长中后期，即 6 月中旬以后进行防治。可采用克菌丹、吡唑醚菌酯等药剂；发生严重时，可采用烯酰吗啉、氟菌•霜霉威等药剂按照规定的浓度和喷施时期进行防治。

(a) (b)

(c)

图 5-1 霜霉病典型症状

二、灰霉病

灰霉病俗称“烂花穗”，又叫葡萄灰腐病，是葡萄灰孢霉侵染所引起的、发生在‘阳光玫瑰’葡萄上的一种常见病害。其主要危害花序、幼果和已经成熟的果实，有时也危害新梢、叶片和果梗。

1. 发病症状

‘阳光玫瑰’葡萄灰霉病（图 5-2）花穗多在开花前发病，花序受害初期似被热水烫状，呈暗褐色，病组织软腐，表面密生灰色霉层，被害花序萎蔫，幼果极易脱落；果梗感病后呈黑褐色，有时病斑上产生黑色块状的菌核；葡萄开花后，果穗染病初呈淡褐色水浸状，很快变为暗褐色，整个果穗软腐，此期若遇阴雨，2 ～ 3 天后果穗上长出一层淡灰色霉层；果实在近成熟期感病，先产生淡褐色凹陷病斑，很快蔓延全果，使果实腐烂。

图 5-2　灰霉病典型症状

发病严重时，整穗或一部分果穗腐烂，其上长出鼠灰色霉层，发病后果梗变黑色，后期病部长出黑色块状菌核，最终扩展后整穗长满霉层且果实全部腐烂。新梢叶片也能感病，产生不规则的褐色病斑，病斑有时出现不规则轮纹，潮湿时生有不规则灰霉层，一般每片叶有病斑 2 ～ 5 块，严重时病部也能长出鼠灰色霉层，最后干枯。

2. 发病条件

在 5 ～ 30℃条件下该菌均可生长，适温范围为 15 ～ 25℃，以 20℃对其生长最为有利；5 ～ 10℃菌丝生长缓慢；30℃时菌丝生长完全受到抑制。空气相对湿度在 85% 以上，当湿度 90% 以上时发病严重。病菌在 pH 2 ～ 9 范围内均可生长，适宜范围为 pH 3 ～ 6。

3. 防治方法

（1）栽培防控　加强水肥管理：增施生物有机肥和钾肥，减少化肥使用量。每亩用生物有机肥 500kg，钾肥 15 ～ 20kg，复合肥 10 ～ 15kg，尿素 2 ～ 5kg。在果实第一次膨大期（红小豆粒大小时）浇透水 1 次，间隔 7 ～ 10 天再浇透水 1 次。在雨季，雨前地面铺白色透明塑料布，布下修下凹排水沟，下雨后及时排水，降低果园湿度。

摘心、疏穗控制产量：葡萄整枝定穗初期，在结果枝果穗上保留一片功能叶，进行枝条第 1 次摘心；进行定穗疏花，保留小穗长度 3 ～ 5cm，整穗保留 15 个小穗左右进行果穗摘心。副梢长到 15 片叶时进行第 2 次枝条摘心；使果穗呈圆柱形，每穗质量 600 ～ 800g，每亩产量控制在 1500kg。

（2）农业防控　做好清园：在果实采收后及时清除病残体及杂草，剪除病枝病叶，集中焚烧或深埋。在早春对全园树体及地表喷一遍 3°Bé ～ 5°Bé 石硫合剂，或 45%（质量分数）代森铵水剂 200 倍液，铲除越冬菌源。

提高定干高度：葡萄定干提高到 1.5m 左右，使树体通风透光，并防止地面残体及土壤中病原菌飞溅到果实上，以减轻病害发生。同时，注意避免间作其他作物。

（3）化学防治　‘阳光玫瑰’葡萄萌芽前 3 月中上旬及时喷 5°Bé 石

硫合剂，全园喷洒，包括植株和地面，消灭或减少园内植株表面的越冬分生孢子器和分生孢子。抓住防治‘阳光玫瑰’葡萄灰霉病的五个关键时期即花期末尾、聚束期、果实成熟初期、采收前三周和采收前进行防治。防治灰霉病采用保护性药剂和治疗性药剂。保护性杀菌剂有 78% 的波尔·锰锌可湿性粉剂 300 倍液，或 50% 异菌脲可湿性粉剂 300 倍液。治疗性药剂可选用 38% 唑醚·啶酰菌水分散粒剂 1000 ～ 2000 倍液，或 40% 嘧霉胺悬浮剂或水分散粒剂 1000 ～ 1500 倍液。在关键防治期内每隔 2 周喷 1 次，连喷 2 ～ 4 次，交替用药进行防治。此外，还可套袋前蘸穗或喷穗，能有效减少灰霉病发生。

三、炭疽病

炭疽病又称晚腐病，是由围小丛壳菌侵染所引起的、发生在‘阳光玫瑰’葡萄上的病害。主要发生在果实和穗轴上，也能侵害叶片、新梢、卷须、果梗等部位，但症状不如果实和穗轴上明显。主要发病时期为果实生长期、着色期和成熟期。在果实生长期，幼果一般不发病；着色期出现初期病状，随着果实生长，病状逐渐明显；到了成熟期果实萎蔫、落果，影响产量。该病在植株的枝蔓、叶片、果实、花穗等部位均能呈现出一定的病害症状。

1. 发病症状

‘阳光玫瑰’葡萄炭疽病（图 5-3）在花穗初期即开始感病，受侵染的花或花梗变褐腐烂，造成大量落花，后期整个花穗烂掉。幼果发病多从近地果穗顶部果粒开始，发病最初在果面产生针头大小的褐色圆斑，后期随着果实增大、含糖量增加、果实开始着色，病斑逐渐扩大并凹陷，果肉变软腐烂，表面产生轮纹状排列的小黑点，即病菌的分生孢子器。天气潮湿时，病斑中央有绯红色黏质物，即分生孢子团。发病严重时，病斑可扩展到整个果面乃至全穗，病果多软腐脱落。侵染新梢和叶片时，穗柄和叶柄、叶缘也出现近圆形褐色病斑，湿度大时，也会产生粉红色的分生孢子团。叶片发病初为褐色小圆斑，稍凹陷。当小病斑密布全叶，病斑相

(a)

(b)

图 5-3 炭疽病典型症状

连时，常使叶片枯黄脱落。新梢受害时呈现淡黄褐色病斑，被害部易脱落，残痕处有绯红色黏质物。果梗或穗轴发病，产生暗褐色长圆形凹陷病斑，并有绯红色黏质物，严重时病部以下果穗干枯脱落。

2. 发病条件

高温、高湿，在 28 ～ 32℃条件下，连续高温 12h，病菌即可完成侵入。果实受日灼，株行距过密、重穗接近地面，氮肥多施、枝蔓徒长，园地低洼，排水不良时有利于发病。

3. 防治方法

关键防治措施是从清除病源和降低田间湿度着手，再结合化学药剂进行防治。结合冬剪，清除病穗、病蔓和病叶等，减少菌源；及时绑蔓、摘心，保持架面通风。幼果期、套袋前是预防该病的最佳时期，在疏除小粒、病粒后，使用保护性药剂嘧菌酯、福美双等喷施或蘸果；5 月下旬起，每隔 10 ～ 15 天喷 1 次 10% 苯醚甲环唑水分散粒剂 800 ～ 1300 倍液，20% 抑霉唑水乳剂 600 ～ 800 倍液等进行防治。

四、黑痘病

‘阳光玫瑰’葡萄黑痘病又称疮痂病，俗称蛤蟆眼、火龙黑斑、鸟眼病，是由葡萄痂囊腔菌侵染引起的、发生在‘阳光玫瑰’葡萄上的病害。主要危害‘阳光玫瑰’葡萄的绿色幼嫩部位，如果实、果梗、叶片、叶柄、新梢和卷须等。

1. 发病症状

黑痘病发病症状（图 5-4）在叶上表现为开始出现针头大红褐色至黑褐色斑点，周围有黄色晕圈。后病斑扩大呈圆形或不规则形，中央灰白色，稍凹陷，边缘暗褐色或紫色，干燥时病斑自中央破裂穿孔，但病斑周缘仍保持紫褐色的晕圈。在叶脉上病斑呈梭形，凹陷，灰色或灰褐色，边缘暗褐色。叶脉被害后，由于组织干枯，常使叶片扭曲，皱缩。发病时全穗或部分小穗发育不良，甚至枯死。果梗患病常使果实干枯脱落或僵化。幼果被害时，初为圆形深褐色小斑点，后扩大，中央凹陷，呈灰白色，外部仍为深褐色，而周缘紫褐色“鸟眼”状。多个病斑可连接成大斑，后期病斑硬化或龟裂。染病较晚的果粒，仍能长大，病斑凹陷不明显。病斑限于果皮，不深入果肉。空气潮湿时，病斑上出现乳白色的黏质物。新梢、蔓、叶柄或卷须发病时，初现圆形或不规则小斑点，以后呈灰黑色，边缘深褐色或紫色，中部凹陷开裂。新梢未木质化以前发病严重时，病梢生长停滞，萎缩，甚至枯死。叶柄染病症状与新梢上相似。

(a)

(b)

图 5-4 黑痘病典型症状

2. 发病条件

气温上升到 28 ～ 30℃，经常有降雨，湿度大，植株长出大量嫩绿组织，发病达到高峰。温度超过30℃，雨量减少，湿度降低，组织逐渐老化，病情受到抑制，秋季如遇多雨天气，病害可再次严重发生。在气温降低，天气干旱时，病害停止发展。

3. 防治方法

防治‘阳光玫瑰’葡萄黑痘病采取减少菌源，加强田间管理及配合药剂防治的综合措施。

（1）苗木消毒，彻底清园　建园时，将‘阳光玫瑰’葡萄苗木用3%～5%的硫酸铜溶液浸泡3～5min取出定植。冬剪时，剪除病枝梢及残存的病果，刮除病、老树皮，彻底清除果园内的枯枝、落叶、烂果等，集中烧毁或深埋。再用80%五氯酚钠原粉用水稀释200～300倍，加3°Bé石硫合剂混合液铲除剂喷布树体及树干四周的土面；喷药时期选择‘阳光玫瑰’葡萄茸球期芽鳞膨大，但尚未出现绿色组织时。

（2）加强田间管理　‘阳光玫瑰’葡萄园定植前及每年采收后，开沟施足优质有机肥料，保持健壮树势；追肥使用含氮、磷、钾及微量元素的全肥，避免单独、过量施用氮肥；注意适时浇水，防止果园积水。行间除草、摘梢绑蔓等及时进行，使园内有良好的通风透光状况。同时，要按照前面技术要求及时进行套袋。

（3）适时药剂防治　在做好清园越冬防治的基础上，生长季关键用药时期是花前半月、落花70%～80%和花后间隔15天喷3次。在开花前后各喷1次1∶0.7∶250的波尔多液，或4%农抗120水剂400倍液；以后，每隔15天喷1次1∶0.7∶240的波尔多液或70%代森锰锌可湿性粉剂800倍液。要求在喷药前摘除已出现的病梢、病叶、病果等。

五、白腐病

‘阳光玫瑰’葡萄白腐病俗称腐烂病、水烂或穗烂，是由白腐垫壳孢侵染所引起的。主要危害果穗，也危害新梢、叶片等部位。

1. 发病症状

‘阳光玫瑰’葡萄白腐病发病症状见图5-5，枝干在受损伤的地方新

图 5-5　白腐病典型症状

梢摘心处及采后的穗柄着生处，特别是从土壤中萌发出的萌蘖枝最易发病。初发病时，病斑呈污绿色或淡褐色，水渍状，用手触摸时有黏滑感，表面易破损。随着枝蔓生长，病斑也向上下两端扩展，变褐、凹陷，表面密生灰白色小粒点。随后表皮变褐、翘起、病部皮层与木质部分离，常纵裂呈乱麻状。当病蔓环绕枝蔓一周时，中部缢缩，有时在病斑上端病健交界处往往变粗或呈瘤状，秋天上面的叶片早早变红或变黄。叶片多在叶缘或破损处发生：初呈污绿色至黄褐色，圆形或不规则形水渍状病斑，逐渐向叶片中部蔓延，并形成深浅不同的同心轮纹，干枯后病斑极易破碎。天气潮湿时，形成的分生孢子器多分布在叶脉两侧。果实在接近地面的果穗尖端，其穗轴和小果梗最易感病。初发病产生水渍状、淡褐色、不规则的病斑，呈腐烂状，发病 1 周后，果面密生一层灰白色小粒点，病部渐渐失水干缩并向果粒蔓延，果蒂部分先变为淡褐色，后逐渐扩大呈软腐状，以后全粒变褐腐烂，但果粒形状不变，穗轴及果梗常干枯缢缩，严重时引起全穗腐烂。挂在树上的病果逐渐皱缩、干枯成为有明显棱角的僵果。果实在上浆前发病，病果糖分很低，易失水干枯，深褐色的僵果往往挂在树上长久不落；上浆后感病，病果不易干枯。受震动时，果粒甚至全穗极易脱落。

2. 发病条件

高温高湿天气，易发病。当气温 26 ～ 30℃，相对湿度 95% 以上时，病原萌发率最高。肥水供应不足，管理粗放，地势低洼，土质黏重，排水不良；土壤瘠薄，杂草丛生，或修剪不当，枝叶过于郁闭，病虫及机械损伤多，发病重。立架式比棚架式发病重，东西架向比南北架向病重些。

3. 防治方法

‘阳光玫瑰’葡萄白腐病以农业防治和化学防治为主。

（1）农业防治　采取及时清除菌源，加强栽培管理措施。在生长季及时剪除病果、病叶和病蔓，落叶后结合冬剪彻底清除病穗、病枝、病叶、病粒，带出园外集中处理；加强栽培管理要科学施肥灌水、防治病虫、合理负载；通过摘心、抹芽、绑蔓、摘副梢、中耕除草、雨季排水和适时套袋等经常性田间管理；科学疏花疏果。

（2）化学防治　在开花前后，喷波尔多液、波尔•锰锌类保护剂预防病害。一般在6月中旬，病害始发期开始，每隔10天喷1次药，连喷3～5次，直至采果前15～20天。喷药仔细周到，重点保护果穗。喷药后遇雨，应于雨后及时补喷。药剂选择43%戊唑醇悬浮剂2500～3000倍液，30%苯醚甲环唑可湿性粉剂4000～6000倍液喷施，50%异菌脲（扑海因）可湿性粉剂1000～1500倍液等交替使用，结合氨基酸叶面肥防治。

六、白粉病

‘阳光玫瑰’葡萄白粉病是由葡萄钩丝壳菌侵染所引起、发生在‘阳光玫瑰’葡萄上的一种病害。主要危害叶片、新梢及果实等幼嫩器官，老叶及着色果实较少受害。

1. 发病症状

‘阳光玫瑰’葡萄白粉病发病症状见图5-6，新梢发病先出现星状病斑，上有白粉；枝条木质化后出现褐色到黑色病斑。病芽发出新梢生长缓慢，叶片卷缩。叶片上病斑与霜霉病症状相似，但病斑更小，叶背面叶脉变黑。叶片正面覆盖白粉，严重时，白粉布满叶片，叶片卷缩，枯萎而脱落。幼叶受害后，叶片产生没有明显边缘的“油性”病斑，迎着太阳光看病斑呈半透明，逐步发展后上面覆盖有灰白色的粉状物。花序发病，花序梗受害部位颜色开始变黄，而后花序梗发脆，容易折断。穗轴、果梗和枝条发病后先是白色粉末覆盖，以后出现不规则褐色或黑褐色斑，羽纹状向外延伸，表面依然覆盖白色粉状物。受害后穗轴、果梗变脆，枝条不能老熟。果实发病时，表面产生灰白色粉状霉层，用手擦去白色粉状物，能看到在果实的皮层上有褐色或紫褐色的网状花纹。小幼果受害后不易生长，果粒小，易枯萎脱落；大幼果得病后容易变硬、畸形，易纵向开裂。

(a) (b) (c) (d)

图 5-6　白粉病典型症状

2. 发病条件

气温 29 ～ 35℃时病害发展快，干旱、雨后干旱或干湿交替，适合病害的流行。种植过密，施氮肥过多，修剪、摘副梢不及时，枝梢徒长，果园郁闭，通风透光不良，植株表皮脆弱，易发病。嫩梢、嫩叶、幼果较多较易感病。

3. 防治方法

‘阳光玫瑰’葡萄白粉病防治以农业防治和化学防治为主。

（1）农业防治　加强肥水管理，多施有机肥，生物菌肥搭配化学肥料，补充微肥。根据葡萄不同生育期养分需求差异，科学复配氮磷钾元素。新梢生长期选用高氮配方，以促新梢生长发育；开花期选用高磷配方以促进花芽分化；硬核期选用高钾配方以促进果实着色。根据土壤理化性质选择适宜肥料类型，实现施肥适时、适肥、适量、适法。雨后及时排水防涝，干旱及时灌水。保持设施内适当干湿度，避免旱涝交替频繁。生长季科学整形修枝，及时绑蔓、疏副梢、摘心、疏叶、整果穗，控制留枝量，提高结果部位，调节枝蔓密度，合理疏花疏果，调节负载量。

（2）清园、修剪　保持果园清洁，‘阳光玫瑰’葡萄生长期和秋冬修剪时，及时清除枯枝、落叶、落花、落果等，修剪病梢、病枝、病果，带离果园集中深埋或焚毁。

（3）化学防治　在‘阳光玫瑰’葡萄 2 ～ 3 叶期和幼果期，喷洒 25% 嘧菌酯悬浮剂 1500 倍液，或 25% 乙嘧酚悬浮剂 1000 ～ 1500 倍液等药剂，可以有效地控制病害的发展。在病害发生初期，喷施 25% 乙嘧酚悬浮剂 1000 ～ 1500 倍液，或 12.5% 腈菌唑可湿性粉剂 1500 倍液。

七、病毒病

目前为止，已报道葡萄病毒病有 40 多种。其中，最主要的病毒有 2 种：卷叶病毒和扇叶病毒。发病部位有叶片、枝条和果实。卷叶病毒病具有半潜隐性，在植株生长前期一般不表现出来，大多发生在每年秋季 8 月末以后的浆果成熟期，在‘阳光玫瑰’葡萄采收后到落叶前这段时间表现得最为明显。其最大的危害就是使果实延迟成熟、果穗松散、着色差、糖分低。扇叶病毒主要发生在春季至夏季中期。扇叶病毒病对植株的危害是落花严重、花序又少又小，果粒大小不齐。

1. 发病症状

‘阳光玫瑰’葡萄卷叶病毒病症状（图 5-7）表现是：叶片从叶缘向

下反卷，脉间发黄，只有主脉保持绿色，反卷的叶片变得卷缩而发脆，甚至慢慢干枯变褐。这些症状都是先从枝头基部成熟较早的叶片上发生，并逐渐向上部叶子扩展，顶梢新叶很少出现病状。果实成熟期延迟2～3周，提早落叶、树势偏弱。

图 5-7　卷叶病毒病症状

扇叶病毒在‘阳光玫瑰’葡萄上的表现是：枝条节间距离变短，间隔距离不规则，有时出现单芽对生与双芽现象。叶片不对称、变小且簇生，中脉偏向一侧，叶柄洼凹大开张，叶边缘锯齿变长变尖，呈扇子状。卷须有时发育成侧梢，新梢扁化或者呈“Z”形生长。

在‘阳光玫瑰’葡萄上‘贝达’砧木嫁接苗病毒症状（图 5-8）表现明显：叶片皱缩不平，小叶、扇叶、鸡爪叶等。

图 5-8　‘阳光玫瑰’葡萄‘贝达’砧木病毒病症状

注意除草剂2,4-D对‘阳光玫瑰’葡萄造成的药害与病毒病不同。2,4-D引起的药害会使‘阳光玫瑰’葡萄叶片发生畸形，尤其是位于新梢前端的叶片发生得最为严重，具体表现在叶柄洼极度开张，叶边缘呈鸡爪收缩状，叶部呈带纹状。此外，若在叶片上出现许多黄色斑点，并逐渐扩散为黄绿色花斑叶，叶片不变形，主脉或者支脉两侧形成一条黄色带状斑，叶形基本正常的也可能是病毒病引起。

2. 发病条件

‘阳光玫瑰’葡萄叶片生长过程中营养不足加上自带病毒，春季设施内绿盲蝽及蓟马等害虫危害，加重了病毒病的传播及危害。

3. 防治方法

（1）农业防治　首先使用脱毒苗木，培育壮树等。‘阳光玫瑰’葡萄追肥期，增施优质的有机肥及优质的微生物菌肥，调理土壤，保护根系。春季萌芽期，设施内地面铺设1个月左右的白地膜来提高地温。注意及时冲施优质的生根剂，结合松土调酸系列产品。结合水肥管理，选用优质的冲施肥。

（2）物理机械、熏蒸处理　‘阳光玫瑰’葡萄零星发生病毒病，可揪掉病枝，加强肥水管理，增强树势。当植株发病较重时，挖出病株，并对挖除位置附近土壤进行熏蒸剂消毒。熏蒸剂选用甲基溴（MeBr）和1, 3-二氯丙烷（1, 3-D），施用深50～75cm，药施下去后用塑料薄膜覆盖。

（3）药剂防治　对发病较轻‘阳光玫瑰’葡萄树，选用植病灵、病毒A等化学药剂叶面喷雾。植病灵使用浓度1000～1500倍液，病毒A使用浓度400～600倍液。同时，提前预防，及时打药，防治蓟马及绿盲蝽危害。

（4）采用根部曲弓烤地法　该法可改善根部环境，让新根茁壮成长，以有效降低‘阳光玫瑰’葡萄病毒病的发生概率。方法是在每年早春，沿着新根生长区开沟施优质有机肥。注意春天浇水不宜过勤，在每一次浇水时浇透、浇足，浇大水，然后晒几天，等地温恢复，立即划锄保墒，必要时浇水后地面撒施草木灰等黑色物质助力地温回升。

第二节 ‘阳光玫瑰’葡萄常见虫害防治

‘阳光玫瑰’葡萄主要虫害有绿盲蝽、蓟马、红蜘蛛等。

一、绿盲蝽

绿盲蝽（图 5-9）属半翅目，盲蝽科，又名花叶虫、小臭虫等，是早春第一害虫，葡萄第一虫。其主要危害‘阳光玫瑰’葡萄幼嫩的芽、叶、花和幼果等。在早春萌芽后至 6 月，萌芽期和谢花坐果期为发病高峰期。

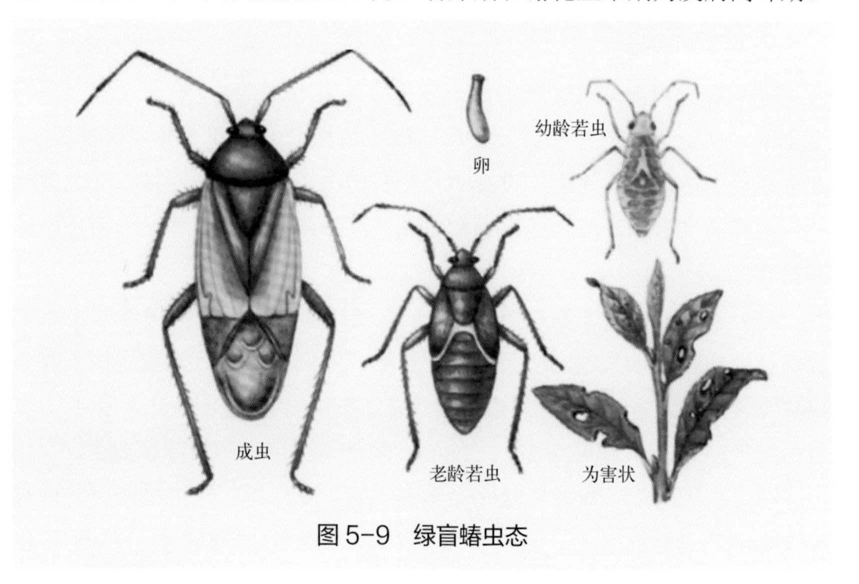

图 5-9　绿盲蝽虫态

1. 危害症状

绿盲蝽以成虫和若虫刺吸‘阳光玫瑰’葡萄的幼芽、嫩叶、花蕾和幼果表皮细胞的枝叶，造成取食部位出现针眼般孔洞，绿盲蝽刺吸的同时还会分泌有害物质，分泌物导致受害部位出现坏死和畸形。新梢嫩芽被刺吸后，形成红褐色针头大小的坏死点，不能正常发芽展叶。嫩叶受害（图 5-10）后，先出现枯死的小点，随着叶片的生长，形成无数孔洞，严重的叶片残破、畸形皱缩，俗称“破叶疯”。花蕾受害后产生小黑斑，发育停止，开始枯萎脱落。受害幼果粒（图5-11）初期表面呈现不明显黑色小斑点，后随着果粒的膨大，黑色斑点变成褐色和黑褐色，形成不规则的疮痂，抑制果实膨大。

图5-10 ‘阳光玫瑰’葡萄叶片受害状

图5-11 ‘阳光玫瑰’葡萄受害幼果粒

2. 危害条件

温暖、湿润，雨水较多的年份发生较重。气温在20～30℃，空气相对湿度在80%～90%最易发生。

3. 防治措施

（1）农业防治　越冬前对‘阳光玫瑰’葡萄园及时清园，清除枝蔓上老粗皮，剪除有卵枝、枯枝等，带出园外集中烧毁。清除树下及田埂、沟边、路旁杂草，减少绿盲蝽越冬虫源和早春寄主上虫源。在‘阳光玫瑰’葡萄生长期及时清除果园内外杂草，及时对枝条进行合理修剪，控制氮肥施用量，避免旺长等。

（2）物理防治　在‘阳光玫瑰’葡萄生长季节，利用绿盲蝽的趋光性进行诱杀，采用悬挂频振式杀虫灯对绿盲蝽进行诱杀。

（3）生物防治　利用绿盲蝽的天敌控制其数量。绿盲蝽天敌主要有蜘蛛、瓢虫、螳螂、长蝽等。在使用化学药剂的前提下，尽量选用对天敌毒性小的杀虫剂，通过天敌控制绿盲蝽发生数量。

（4）化学防治　在萌芽至开花前是绿盲蝽防治关键时期，及时喷药可有效降低虫害发生基数，延缓虫害发生，减轻危害。清晨或傍晚喷药防治效果最好。喷药时应对树干、杂草及行间作物进行全面喷施。萌芽期使用噻虫嗪、吡虫啉等烟碱类杀虫剂及对低温不敏感的菊酯类复配杀虫剂及辛菌胺、甲硫·己唑醇等交替喷施进行防治。在茸球期，全园喷3° Bé ～ 5° Bé 石硫合剂，2 ～ 3 叶期，全园喷布联苯菊酯、高效氯氟氰菊酯、啶虫脒等药剂，连续喷 2 ～ 3 次，每次间隔 7 ～ 10 天。开花后，气温大于 25℃时，使用联苯菊酯、啶虫脒等高温效果较好的药剂喷施进行防治。

二、蓟马

‘阳光玫瑰’葡萄蓟马主要是若虫和成虫以锉吸式口器锉吸幼果、嫩叶和新梢表皮细胞的汁液。

1. 危害症状

蓟马刺伤‘阳光玫瑰’葡萄果实表面，果粒表面出现凹陷或裂纹等痕迹，脱水干缩，形成纵向黑斑，被害部位后期形状纵向木栓化褐色锈斑，严重情况下，导致果实变小，甚至干枯（图 5-12）。蓟马吸食‘阳光玫瑰’葡萄叶片汁液后，引起叶片萎缩、变黄，出现白斑和裂纹等症状，先出现褪绿的黄斑，后叶片变小，卷曲畸形，甚至干枯，有时造成穿孔（图 5-13）。

图 5-12　果粒受害状

图 5-13　叶片受害状

叶片上多只蓟马集体吸食后，大片叶子枯黄。芽受蓟马危害后，导致枯死或产生畸形；蓟马在芽上产卵后，使芽干瘪、变形和死亡（图 5-14）。花受害时，植株不能孕穗结果。蓟马吸食枝条汁液后，枝条出现凹陷或者斑点，进而影响到枝条的生长发育。严重的情况下，还可能引起枝条枯死（图 5-15）。

图 5-14　芽受害状

图 5-15　枝条受害状

2. 危害条件

蓟马喜温暖、干燥天气，其生存孵化适温为 23 ～ 28℃，适宜空气相对湿度为 40% ～ 70%。湿度过大不能存活：当湿度达到 100%、温度达 31℃时，引发若虫大量死亡。成虫活跃，喜飞翔，怕阳光，对蓝色和白色有趋性。其卵、若虫和成虫，部分存在于植株上，大量存在于土壤裂缝中。

3. 防治措施

（1）农业防治　加强树体管理，适当进行修剪保持‘阳光玫瑰’葡萄冠层的通风透光；科学施肥，增施磷钾肥，重施基肥有机肥，促使植株健壮；及时清除田园杂草，保持园内整洁。

（2）物理防治　利用蓟马对紫板、白板和蓝板趋性较强的特性，悬挂粘虫板进行监测和诱杀。悬挂方向与棚架平行，高度与棚架顶部持平。每亩可悬挂 3 ～ 5 张粘虫板（25cm×30cm）监测虫口密度，当虫量增加时，悬挂 20 张粘虫板进行诱杀。

（3）生物防治　生物防治，利用蓟马捕食性天敌小花蝽、猎蝽、草蛉等以虫治虫。

（4）化学防治　喷药关键时期在春季，葡萄萌芽前喷3°Bé～5°Bé石硫合剂；在开花前1～2天或初花期，在树上和地面同时喷药。可使用1.8%阿维菌素乳油1000倍液，或2.5%联苯菊酯乳油1000倍液，或5%啶虫脒可湿性粉剂2000倍液，各种药剂轮换使用，最好在清晨或傍晚蓟马活动频繁时进行喷药。

三、红蜘蛛

葡萄红蜘蛛学名短须螨，多在相对干旱地区发生危害，我国北方分布较普遍，寄主范围较宽。以若虫和成虫危害‘阳光玫瑰’葡萄。以雌成虫在树皮、叶腋、冬芽上越冬，次年3月中、下旬出蛰，刺吸嫩叶，后可转移至叶柄、叶片、枝蔓、穗梗、果实继续危害。

1. 危害症状

新梢基部（图5-16）和叶柄受害时，其表面有褐色颗粒突起，手摸如癞皮状。叶片受害（图5-17）时，先以叶脉基部开始，叶脉两侧呈现黑褐色颗粒状斑块，叶失绿变黄，焦枯脱落。卷须被害，表面粗糙而易落。果粒受害时（图5-18），前期呈浅褐色锈斑，尤以果肩为多，果面粗糙，硬化纵裂，穗轴、果梗发黑易断。

图5-16　新梢基部受害状

图5-17　‘阳光玫瑰’葡萄叶片受害状

图 5-18 ‘阳光玫瑰’葡萄果粒受害状

2. 危害条件

持续高温干旱，平均温度在 29℃，空气相对湿度在 80% ～ 85% 的条件下，最适于其生长发育。雨水多，湿度大时有利于其发生。

3. 防治措施

（1）物理机械防治　‘阳光玫瑰’葡萄果实采收后粗清园，将葡萄园内杂草、落叶、落果、残枝等清除出园集中烧毁，在土壤封冻前灌水，春季及时抹芽，生长季摘除受害叶片。

（2）生物防治　利用红蜘蛛天敌捕食螨、食螨瓢虫、小花蝽、草蛉等，通过引种、饲养、投放天敌昆虫等，抑制螨害。

（3）化学防治　在芽萌动茸球期，喷布 3°Bé 石硫合剂。生长季在萌芽前后及采收后落叶前喷布螺螨酯、联苯肼酯、乙螨唑等，注意水打足，叶背、地面、杂草都打到，不留死角。

第三节 ‘阳光玫瑰’葡萄规模化栽培绿色综合防控关键技术

一、病虫害绿色防控关键技术

1. 主要措施

采用设施栽培，使蔓、叶、果不受雨淋。蔓叶数字化规范管理，使葡萄园通风透光好。按照花果管理要求，不进行超高产、大穗栽培，提高树体抗病性。注意不使园地积水，提高根系抗逆性。在园地内不间作套种、不种草。在夏季蔓叶管理时做到畦面基本没有蔓叶，果穗管理时畦面没有烂果，保持园地清爽。

2. 用好“3+2”次农药，防好病害

“3+2”中的“3”指用好 3 次防病药：第 1 次在开始开花期，花穗喷防灰霉病农药 1 次；第 2 次果实膨大处理后，蔓、叶、果喷 1 次 1500 倍喹啉酮液；第 3 次在果穗套袋前，蔓、叶、果再喷 1 次 1500 倍喹啉酮液。“2”指用好 2 次混配药：第 1 次在保果处理时，在保果剂中混配防灰霉病农药；第 2 次在膨大处理时，在膨大剂中混配保护剂农药。

3. 视病虫发生情况用药

在设施栽培条件下，全年发病较轻的‘阳光玫瑰’葡萄园，冬季不需用石硫合剂清园消毒；发病较重园，冬季要用石硫合剂清园消毒。在设施条件下，没有发生介壳虫和螨类的园，萌芽茸球期可不用石硫合剂；发生介壳虫和螨类的园，萌芽茸球期喷布 5°Bé 石硫合剂杀灭越冬的介壳虫和螨类；设施内果穗发生白粉病时，果穗喷防治白粉病药 1 次，否则不用药。在设施栽培条件下，少数叶片发生霜霉病不必用药防治，只需摘除清除出园即可。果穗膨大期，果穗淋到雨，渐次发生炭疽病、白腐病、溃疡病时，发病不重不用药，剪掉病果，清除出园。发病较重时，要用药防

治。害虫绿盲蝽视发生情况用药，少量叶片被害时不必用药防治。对天牛发生园，在秋天经常检查叶片颜色，发现叶片发黄植株，检查虫孔，用治虫药兑水400倍从虫孔蛀入防治。对于其他虫害，零星发病时不必用药，在发生较重时及时喷药防治。

二、病虫害综合防控关键技术

1. 定植当年主要防控黑痘病和霜霉病

在主梢长到50cm后，间隔15天左右喷施1∶0.5∶200倍波尔多液预防病害。早期黑痘病，交替喷50%多菌灵可湿性粉剂600～800倍液，70%甲基硫菌灵可湿性粉剂600～800倍液进行防治。霜霉病生长期发生，喷20%烯酰吗啉悬乳剂800～1200倍液防治。

2. 冬剪后全面清园

‘阳光玫瑰’葡萄冬剪后全面清园。扫除枯枝落叶，摘除僵果，剪掉枝条及杂草等集中烧毁或深埋，全园喷1次5°Bé石硫合剂，以减少越冬菌源。

3. 加强夏剪，合理施肥

翌春萌芽后及时抹芽、摘心，修剪掉着生位置不正的葡萄枝条，以改善通风透光条件。要增施有机肥和磷、钾肥，控制氮肥，增强植株抗病力。

4. 根据物候期，及时喷药防治病虫害

萌芽前1个月茸球期（芽体黄色透绿，图5-19）喷1次48%的晶体石硫合剂或喹啉铜+噻虫嗪，杀菌杀卵，降低全年病虫害基数。重点喷树体、铁丝、地面、架材，尽量选择雾化程度好的喷头，用量为50～100kg/亩。4月中上旬展叶3～5片时，喷22%氟啶虫胺腈悬浮剂3000倍液+25%吡唑嘧菌酯可湿性粉剂1500倍液，开花前喷施40%嘧霉胺可湿性粉剂800～1000倍液+35%腐霉利（速克灵，二甲酰胺类杀菌剂）悬乳剂300～400倍液，重点防治灰霉病、霜霉病、蓟马、绿盲蝽、介壳虫。开花初期喷10%吡虫啉可湿性粉剂800～1200倍液、25%嘧菌酯可

图 5-19 ‘阳光玫瑰’葡萄茸球期

湿性粉剂 1500 倍液、50% 异菌脲可湿性粉剂 100 倍液、10% 苯醚甲环唑可湿性粉剂 800 ～ 1200 倍液和 5% 甲氨基阿维菌素苯甲酸盐可湿性粉剂 8000 ～ 10000 倍液，并配合 0.2% ～ 0.5% 磷酸二氢钾和微量元素硼，以防治灰霉病、炭疽病、白腐病和绿盲蝽等。进入 7 ～ 8 月份，雨季来临后，选喷 70% 甲基硫菌灵可湿性粉剂、80% 代森锰锌可湿性粉剂、50% 多菌灵可湿性粉剂等交替喷施，以防治病害。

三、病虫害防治历

1. 萌芽前

（1）防治对象　黑痘病、炭疽病、短须螨、介壳虫等。

（2）防治措施　在茸球期，温度达到 20℃时，用 5°Bé 石硫合剂全园喷施，包括枝条、水泥柱、钢丝等。

2. 2 ～ 3 叶期

（1）防治对象　绿盲蝽和葡萄螨类。

（2）防治措施　用 4.5% 高效氯氰菊酯乳油 1000 倍液或 1.8% 阿维菌素乳油 3000 倍液。

3. 花序分离期

（1）防治对象　灰霉病、黑痘病、炭疽病、霜霉病。

（2）防治措施　用 50% 福美双可湿性粉剂 600 ～ 800 倍液或 42% 代

森锰锌可湿性粉剂 800 倍液 +21% 保倍硼流体液 2000 倍液。

4. 开花前

（1）防治对象　灰霉病、白腐病、黑痘病、穗轴褐枯病、蓟马、绿盲蝽等。

（2）防治措施　一般使用 50% 福美双可湿性粉剂 1500 倍液预防。若往年灰霉病发病重可添加 40% 嘧霉胺悬浮剂 800 倍液防治，若白腐病、黑痘病发病重，可添加 37% 苯醚甲环唑可湿性粉剂 3000 倍液防治。若蓟马、叶蝉、绿盲蝽发生，用 30% 敌百 · 啶虫脒乳油 500 倍液防治。

5. 谢花后 2 ~ 3 天

（1）防治对象　灰霉病、黑痘病、穗轴褐枯病、蓟马、叶蝉等。

（2）防治措施　若灰霉病发生，用 40% 嘧霉胺胶悬剂 800 倍液防治；若黑痘病发生，用 37% 苯醚甲环唑可湿性粉剂 3000 倍液防治；若穗轴褐枯病发生，用 50% 异菌脲可湿性粉剂 1500 倍液防治；若蓟马、叶蝉、绿盲蝽发生，用 30% 敌百 · 啶虫脒乳油 500 倍液防治。

6. 谢花后

（1）防治对象　灰霉病、黑痘病、炭疽病、霜霉病。

（2）防治措施　42% 代森锰锌悬浮剂 800 倍液 +20% 苯醚甲环唑可湿性粉剂 2500 倍液。

7. 套袋前

（1）防治对象　灰霉病、黑痘病、炭疽病。

（2）防治措施　50% 甲氧基丙烯酸酯水分散粒剂 3000 倍液 +20% 苯醚甲环唑可湿性粉剂 2000 倍液 +50% 抑霉唑乳油 3000 倍液。

8. 套袋后到成熟期

（1）防治对象　炭疽病、白腐病、霜霉病、酸腐病、介壳虫等。

（2）防治措施　一般使用 3 次药。第 1 次使用 50% 福美双可湿性粉剂 1500 倍液；第 2 次使用 42% 代森锰锌悬浮剂 800 倍液 +50% 烯酰 · 霜脲氰高悬浮率可湿性粉剂300倍液；第3次使用80%波尔多液水分散粒剂500倍液+4.5%高效氯氟氰菊酯乳油1000倍液。

9. 采收后到落叶前

（1）防治对象　霜霉病、褐斑病等。

（2）防治措施　每隔15天喷布1次铜制剂的药，如80%波尔多液水分散粒剂500倍液或30%王铜水分散粒剂800倍液，重点保护叶片；霜霉病发生时，用50%烯酰·霜脲氰高悬浮率可湿性粉剂2500倍液防治；若褐斑病发生，用37%苯醚甲环唑可湿性粉剂3000倍液防治。

第六章

‘阳光玫瑰’葡萄采收、贮藏与保鲜和销售关键技术

一、采收

1. 采收标准

‘阳光玫瑰’葡萄浆果充分发育成熟（图 6-1），果皮呈浅绿色或绿色泛黄，果粒透明状，变软富有弹性，可溶性固形物含量达到 18% 及以上，表现出该品种固有色泽和风味时采收。成熟后挂树时间不宜超过 30 天，供采摘观光的可适当延长。

图 6-1　充分发育成熟的‘阳光玫瑰’葡萄

2. 采收要求

‘阳光玫瑰’葡萄采收时，尽量留长穗轴。在采收前 10 ～ 15 天停止灌水。采收时，用手指捏住果穗，用剪子紧靠枝条剪断，随即装入果筐，进行分级包装。

3. 注意事项

‘阳光玫瑰’葡萄在每日清晨或傍晚采收，注意避免在中午高温时间采收。注意轻拿轻放，尽量不擦掉果粉。采下葡萄放在阴凉通风处，不要在日光下暴晒。采收下来的葡萄应进行果穗修整，剔除病果粒、伤果粒、烂果粒及小果粒。

二、贮藏与保鲜

‘阳光玫瑰’葡萄不易落粒，耐贮藏性好，冷库贮藏配合保鲜剂可使其保鲜期达 4 ～ 5 个月，且果实外观品质基本无变化，掉粒和腐烂现象不明显，果实硬度、香味、可溶性固形物含量、抗坏血酸含量略有下降，综合商品性状良好。‘阳光玫瑰’葡萄冷藏保鲜，延后销售，错开成熟高峰期，错开市场价格低时期，有利于提高市场竞争力，获得较高的收益。

1. 选果

选‘阳光玫瑰’葡萄果穗大小、成熟度一致、高糖高香、果面干净、无机械损伤的果穗入贮，一般要求果穗底部果粒可溶性固形物含量达到 18% 左右，但不能过熟。注意：高产园葡萄，成熟不充分葡萄，有软尖、水罐病的葡萄，采前灌水或遇大雨采摘的葡萄，有灰霉病、霜霉病或其他病害的葡萄，遭受霜冻、水涝、雹灾等自然灾害的葡萄，不宜进行冷库贮藏。

2. 包装

盛放‘阳光玫瑰’葡萄的容器有纸箱和塑料筐，纸箱或塑料筐内衬 0.03mm 聚乙烯（PE）保鲜膜，保鲜膜上放置吸水纸，然后平放果穗，果穗盛放的量根据纸箱或塑料筐的大小而定，要求果穗单层放置。包装和放置在冷库前，用二氧化硫熏蒸葡萄和冷库。

3. 预冷

‘阳光玫瑰’葡萄入库前 2 ～ 3 天将冷库温度降至 –2 ～ 0℃。熏蒸处理后，‘阳光玫瑰’葡萄及时移入冷库预冷，预冷时间 12 ～ 24h。预冷过程中，纸箱或塑料筐内保鲜袋口敞开，平铺放置，使冷气均匀渗入果实内，当温度降至 –1 ～ 0℃时，放入由国家农产品保鲜工程技术研究中心研制的 CT2 片型保鲜剂，每个塑膜纸袋内装 2 片，0.55g/片，主要成分为硫代硫酸钠（$Na_2S_2O_3$），使用剂量为每500g葡萄用1袋CT2，然后封严，防止贮藏期间因冷库温度反复变化而结露；最后排净袋内空气，扎口。

4. 入库

果箱要科学码垛入库。一般纸箱，依据其质量一般码5～7层或更高，垛间留通风道。在冷库不同部位摆放1～2箱果，扎好塑料膜后，不盖箱盖，随时观察箱内果粒变化情况。如发现果粒霉变、腐烂、裂果、药害、冻害等变化时，应及时处理。在冷库贮藏过程中，严格控制库温稳定在-1～0℃，一般不换气。如果库内有异味时，打开通风窗或库门换气。换气应选择库内和库外温差小时进行，雨天、雾天严禁换气。

三、销售

‘阳光玫瑰’葡萄成熟的可供应至各大超市、水果店、批发市场等地。除此之外，也可以利用互联网进行销售，通过各大电商平台或自己搭建的电商网站进行销售。自助销售有园区采摘（图6-2）、礼盒包装（图6-3）等形式。也可根据收购商的葡萄采收标准进行采摘，分级包装销售（图6-4）。

图6-2 ‘阳光玫瑰’葡萄园区采摘

(a)

(b)

图 6-3 ‘阳光玫瑰’葡萄礼盒包装

图 6-4 ‘阳光玫瑰’葡萄现场分级包装

‘阳光玫瑰’葡萄销售要注意三个方面：一是要根据自身的实际情况选择适当的销售渠道。如大型超市、生鲜水果店、批发市场等，如有条件也可以选择使用电商平台进行销售。二是要及时采摘并保持品质。‘阳光玫瑰’葡萄是一种易变质的水果，要在成熟时及时采摘，并注意保鲜，保持其鲜美的口感和品质。三是要建立自己的品牌。通过建立自己的品牌以及宣传和推广来提高‘阳光玫瑰’葡萄的知名度和美誉度，吸引更多的消费者。

参考文献

[1] 杨治元，陈哲 . 图解阳光玫瑰葡萄精品高效栽培 [M]. 北京：中国农业出版社，2021.
[2] 尚晓峰 . 果树生产技术（北方本）[M]. 重庆：重庆大学出版社，2014.
[3] 刘捍中，石桂英 . 葡萄栽培技术 [M]. 北京：金盾出版社，1991.
[4] 王尚堃，耿满，王坤宇 . 果树无公害优质丰产栽培新技术 [M]. 北京：科学技术文献出版社，2017.
[5] 张玉星 . 果树栽培学各论 [M]. 3 版 . 北京：中国农业出版社，2003.
[6] 张国海，张传来 . 果树栽培学各论 [M]. 北京：中国农业出版社，2008.
[7] 于泽源 . 果树栽培 [M]. 2 版 . 北京：高等教育出版社，2010.
[8] 郭书普 . 新版果树病虫害防治彩色图鉴 [M]. 北京：中国农业大学出版社，2010.
[9] 王尚堃，于醒，张伟，等 .‘阳光玫瑰’葡萄规模化优质丰产高效栽培技术 [J]. 北方园艺，2023（10）：148-152.
[10] 赵云霞 . 葡萄苗木繁育技术 [J]. 新农业，2023（2）：29.
[11] 王尚堃 . 河南周口葡萄省力规模化优质丰产稳产技术（一）[J]. 果树实用技术与信息，2016（12）：11-13.
[12] 王尚堃 . 河南周口葡萄省力规模化优质丰产稳产技术（二）[J]. 果树实用技术与信息，2017（1）：13-15.
[13] 王尚堃，王彦伟 . 河南西华优质葡萄四化避雨栽培技术（一）[J]. 果树实用技术与信息，2015（12）：23-25.
[14] 王尚堃，王彦伟 . 河南西华优质葡萄四化避雨栽培技术（二）[J]. 果树实用技术与信息，2016（1）：18-19.
[15] 赵亚荣，戴磊 . 葡萄避雨栽培关键技术 [J]. 果农之友，2024（1）：23-25.
[16] 陈锦永，顾红，张威远，等 . 黄河故道地区日光温室葡萄“双十字 V 形架”简要设计及整形修剪要点 [J]. 果农之友，2011（1）：18-19.
[17] 邓雪梅，姚聚红，刘永嘉 . 阳光玫瑰葡萄栽培技术 [J]. 种子科技，2023，41（11）：77-79.
[18] 陈海栋，郎君，周瑛华，等 . 提升‘阳光玫瑰’葡萄综合品质的集成技术研究 [J]. 上海农业科技，2023（3）：83-85.
[19] 李冰，侯海鹏，吴东风，等 . 浅谈阳光玫瑰葡萄栽培技术 [J]. 天津农林科技，2021（1）：24-25.
[20] 符丽珍，党攀峰 . 葡萄白腐病发生规律与防治措施 [J]. 西北园艺（果树），2019（3）：

33-34.
[21] 刘丽瑄．葡萄白粉病发生情况和防治技术 [J]. 云南农业，2019（11）：67-68.
[22] 车升国，徐伟，段冰冰，等．鲁西南黄泛区葡萄白粉病发生与防治措施 [J]. 果农之友，2019（3）：39-40，51.
[23] 于瑞君．‘阳光玫瑰’在大连的引种栽培表现 [J]. 北方果树，2018（2）：52-53.
[24] 陈文明，钱东南，吴延军，等．阳光玫瑰在磐安的引种表现及关键栽培技术 [J]. 现代园艺，2017（1）：31-32.
[25] 陈海栋，郎君，周瑛华，等．提升‘阳光玫瑰’葡萄综合品质的集成技术研究 [J]. 上海农业科技，2023（3）：83-85.
[26] 李桂香．阳光玫瑰葡萄高产栽培技术 [J]. 种子科技，2021，39（2）：53-54.
[27] 沈乐意，王立如，徐悦，等．不同砧木对‘阳光玫瑰’葡萄果实品质及糖异生相关基因表达的影响 [J]. 农业生物技术学报，2023，31（12）：2490-2505.
[28] 郑婷，魏灵珠，向江，等．‘阳光玫瑰’葡萄嫁接在不同砧木上的生长表现 [J]. 中国南方果树，2023，52（5）：135-141.
[29] 简小楠．不同砧木对阳光玫瑰葡萄生长及果实品质的影响 [D]. 金华：浙江师范大学，2017.
[30] 刘帅，王志润，陶建敏．不同砧木对阳光玫瑰葡萄幼苗光合特性的影响 [J]. 江苏农业科学，2016，44（9）：184-186.
[31] 王林云，项秋，李学斌，等．台州市不同砧木阳光玫瑰葡萄生产调查 [J]. 果树资源学报，2024，5（2）：16-17，22.
[32] 王玉安，朱燕芳，雷玉奎，等．不同植物生长调节剂对甘肃天水‘阳光玫瑰’葡萄品质影响及成本分析研究 [J]. 果树资源学报，2024，5（2）：26-29，33.
[33] 张飞雪，张书红，马延东，等．TDZ、CPPU 和 GA_（3）对‘阳光玫瑰’葡萄果实品质的影响 [J]. 园艺学报，2023，50（12）：2633-2640.
[34] 江平，朱国美，郑东梅．GA_3 和 CPPU 对阳光玫瑰葡萄果实品质的影响 [J]. 中外葡萄和葡萄酒，2017（4）：44-47.
[35] 崔阳慧，王莉，乔月莲，等．阳光玫瑰葡萄需水量及耗水规律研究 [J]. 中国果树，2024（2）：51-57.
[36] 王莎，陈大伟，顾红，等．植物生长调节剂对‘阳光玫瑰’葡萄果实无核及品质的影响 [J]. 果树学报，2019，36（12）：1675-1682.
[37] 倪畅，周颖．有机肥部分替代化肥对阳光玫瑰葡萄产量和品质的影响 [J]. 现代农业科技，2023（24）：53-55.

[38] 黄粤林，彭建伟，张玉萍，等."阳光玫瑰"葡萄有机肥替代部分化肥的生产效果[J].中国南方果树，2023，52（4）：151-157.

[39] 罗政成，绿旭林，李彩龙，等.不同施肥处理对'阳光玫瑰'葡萄品质的影响[J].中国土壤与肥料，2023（8）：161-167.

[40] 黄艳，王铤，刘磊，等.不同果袋对'阳光玫瑰'葡萄果锈形成及酚类物质的影响[J].中国果树，2023（12）：53-58，65.

[41] 娄玉穗，尚泓泉，樊红杰，等.不同颜色果袋对'阳光玫瑰'葡萄成熟过程中果锈发生及品质的影响[J].河南农业科学，2023，52（8）：105-114.

[42] 李嘉宁，张予林，马婷婷，等.不同负载量对'阳光玫瑰'葡萄果实品质的综合影响[J].食品工业科技，2024，45（7）：119-125.

[43] 张燕平，王剑功，褚伟雄，等.单株挂果量对阳光玫瑰葡萄品质以及香气成分变化的影响[J].食品工业，2023，44（8）：315-319.

[44] 卢伟红，辛贺明.果树栽培技术（北方本）[M].2版.大连：大连理工大学出版社，2014.

[45] 郑婷，魏灵珠，向江，等."阳光玫瑰"葡萄嫁接在不同砧木上的生长表现[J].中国南方果树，2023，52（5）：135-141.

[46] 司鹏，孙海生，乔宪生.规模化果园高标准、机械化整地建园新技术简介[J].果农之友，2016（2）：21-22.

[47] 刘三军，宋银花，章鹏，等.葡萄品种阳光玫瑰栽培技术规程[J].果农之友，2016（7）：36-40.

[48] 夏宏义，刘巧，彭家清，等.'阳光玫瑰'葡萄避雨栽培f式树形对光合及果实品质的影响[J].园艺学报，2024，51（3）：560-570.

[49] 尚泓泉，娄玉德，王琰."阳光玫瑰"葡萄品种特性及花果管理关键技术[J].北方园艺，2023（4）：153-157.